Idea man

Idea man

頭のいい人は「短く」伝える

關鍵「四句」！
日本熱銷 250 萬冊溝通大師的
精準表達術

【日本溝通大師、暢銷作家】
樋口裕一 著
簡琪婷 譯

【推薦序】

「磅磅磅．磅」！架構你的溝通影響力

王介安——資深廣播人、「GAS口語魅力培訓」創辦人

「磅磅磅．磅」、「磅磅磅．磅」……貝多芬的命運交響曲，大家一定很熟。作者樋口裕一利用音樂節奏比擬說話的節奏，把話語聚焦、將文字精練，真是很有意思。「磅磅磅．磅」四段式的思考模式，更是提醒大家在說話的過程中，如何把話語結構化；而這個方向同樣可以應用在書寫上。

本書**以聽、說、讀、寫，四個溝通層面切入，並且透過四段式的演練，提供現代人把複雜化為簡單的**一**種溝通概念**。

看了這本書，讓我對「溝通」有了不同的思考。

如果你上網查詢「樋口裕一」，會發現他的背景與文學非常緊密連接，還是

個翻譯專家。但我覺得他不只是個文學家，對音樂也有深入的體會，他甚至還將自己提出的四段式溝通法，與古典樂「奏鳴曲」中第一樂章（揭序）、第二樂章（展開）、第三樂章（再現）、第四樂章（終章）連結在一起，這與我們成長的經驗有不謀而合的映照。

小時候學作文，老師們提出的「起、承、轉、合」也是如此。最後我們會發現：無論使用文字或語言表達，作者提出的四段構成無非是十分經典的論述。

在我的「GAS口語魅力培訓」課堂中，以「目標為導向」的說話技巧，與樋口裕一的出發點不謀而合。

在這個以速度戰勝一切的時代，我不斷勉勵學員，務必更精準表達出自己的想法。隨時反思，**你說出這些話語的「目標」到底是什麼**？同樣期許大家在應用及時的通訊軟體或電子郵件時，更要使用言簡意賅的訴說模式，清楚地表達自己的意圖。

這看似簡單的想法，大家都理解，但卻非常難實行。畢竟每個人的個性不同，造就出的表達模式也不同，而且每個人面對不同的事件，也都有不同的觀點。但是本書提供給大家「非常理性」的拆解步驟，只要你願意套用部分概念，我相信，聽你說話的人不再有「請講重點好嗎？」、「到底你想講什麼呢？」這些疑問。

翻開本書，有些人可能會懷疑，說話真能「套公式」嗎？我想說的是：「很難！」但是絕對能**以「公式」的方式架構思考，讓你的表達更有力量**，讓人更容易理解你。畢竟有太多人「忍不住」，愈講愈多或愈寫愈長。

樋口裕一不但是位專業的老師、也是個有經驗的老師，我想他希望讀者們能透過此書，得到更有架構的說話方式。如果你能透過書中的「四段式思考」，舉一反三展開至不同的人際溝通情境，那麼，你成功了、內化了、理解了。

最後，我想用很通俗的話來形容這本書。這是一本很「強」的書，或說它是一本很「威」的書！讓我們重新解構語言與文字的呈現，願我們都能以「磅磅・磅」的強大力量，影響他人。

【推薦序】

找出對方「中點」，精采說出「重點」

王東明——企業講師、溝通表達達人

「會說話」不是滔滔不絕的說，而是讓人聽懂多少、感受多少。日常生活中我們在溝通時，若遇到小朋友，為了要配合聽眾的年齡層，我們會自動轉換講話的方式。

但到了職場及遇上商務溝通，卻反而忘記要這麼做！每位聽眾（不管是客戶、同事、主管）都是獨一無二的個體。每個人接受訊息及著重的角度也不同，所以不能只用一套說話溝通的方式來對應每一個人。

我們應該思考：感性的人喜歡聽什麼、理性的人喜歡聽什麼。這本書會告訴我們**如何把自己想像成一個漏斗，有效的從旁收集大量資訊。並且進行歸類、整理，才能說到對方心中的「中點」，選擇我們該講的「重點」**。

當你有了溝通前的「共識」，說話自然有影響力，對方自然能聽進心裡去。

【推薦序】

精準表達，從少說多聽開始

謝文憲——職場專欄作家、廣播主持人

想要「精準表達」，與其聽從美麗言詞編出的謊言毒藥，不如按部就班的學習表達公式。

頂尖人才的精準表達，需要具備何種條件？我長時間在職場簡報與會議的場合中細膩觀察，不外乎以下四個微妙結論：

①言之有物；
②數據佐證；
③故事例子；
④長話短說。

上述四個結論，看起來簡單，要實際做到，卻難上加難。

說個例子，我在外商工作時有位重要客戶，不知是我們太有緣，還是他太喜歡我，每次我去拜訪時，他都拉著我講不停，重點是——他都在「閒聊」。明明洽談公事可以在二十分鐘之內跟課長輕鬆談完，他這位協理老兄，每次硬是耗掉我近三個小時的時間，害我都要請助理急call「脫逃電話」，讓我順利逃出。

許多學員都聽我說過這個例子，不是做業務的我太現實，或不想跟客戶聊天。但聊天也該有個分寸，其實真正的答案是該公司課長跟我說的：「我們家的協理被冷凍，沒有發揮戰場，閒閒沒事幹，只好天天找人聊天。」

是的，他在職場沒有發揮餘地，用本書的概念來看，他是「非」頂尖人才，這類人的特徵就是「言不及義」、「說話落落長」、「表達沒重點」、「把公司當人際訓練所」……。

那麼精準表達到底該怎麼做呢？

我建議從「少說多聽」開始！若要我用一句話形容精準表達的最高境界，我會說：「好好的聽，好好的問，好好的講，精準的講。」然而精準表達的難度不在說話技術，而在**聽出重點**、**問出關鍵**、**最後才能說出影響力，命中要害**。

至於聽的能力該如何培養？我覺得可以從「聆聽重點」、「勤作筆記」、「大量閱讀」、「歸納結論」開始學起。

最後我想談談看完本書的四個觀察重點：

①說話有跡可循，跟解數學題一樣，有公式可循。

②少即是多，Less is More。

③專業建立在通俗的溝通，通俗才是萬靈丹。

④練習，是不會騙人的！全壘打王，都從揮棒開始做起，你也應該這樣做。

發現了沒？我上面這篇推薦文，都用了作者的「四」當作公式。收到書稿時，我人剛好在瑞典、丹麥，立刻抽空熟讀。作者的觀點跟我如出一轍，序文我轉換成自己的話、用自己的文字寫下推薦。好書一本，值得推薦！

目錄

CONTENTS

目錄

第3章

「寫」出打動人心的電子郵件、報告及企劃

CONTENTS

目錄

CONTENTS

目錄

第6章

絶不失敗！照抄就很好用的「表達範例」

【前言】

再複雜的事，簡單「四句」就能精準表達！

我相信，喜歡長篇大論的人應該不在少數吧？舉凡婚宴、向公司或學校相關人員自我介紹及問候致意，與夥伴閒話家常等，在這些場合中，總是有人無視旁人的煩躁反應，逕自滔滔不絕地說個不停。

如果不是工作所需，話多或許還算是討好他人的行徑，但諸如業務洽談、開會發言、工作上的討論等，如果在這些場合也是長篇大論的話，相信有不少人根本不知對方在說些什麼。由於該說的沒說，只淨說些廢話，因此漸漸偏離了主題，在場聆聽者全變成「鴨子聽雷」——有聽沒有懂。

或許連發言者本人都漸漸陷入迷惘，搞不清楚自己原本到底想說些什麼了。

正因如此，他更是無法關掉話匣子，結果話就愈說愈長了。

反之，也有人話說得過於精簡。舉例來說，有不少人在自我介紹時，只會報上所屬部門和姓名，但可以留給對方深刻印象的關鍵資訊，卻隻字未提。這樣的自我介紹，豈不是毫無意義可言？

除此之外，開會發言時，有些人則是自顧自地說著極盡主觀的個人想法，既不加以說明、也不提出根據，對於別人提出的反對意見甚至不去反駁。明明周圍每個受眾都因為無法理解說話者意圖表達的內容，而感到相當不滿，但當事人卻毫不在乎。

所以說，**無論是說話過於冗長的人，還是說話太過精簡的人，都屬於無法精準表達自己意思的傳達者**。如此一來，恐怕得不到旁人的信賴，也沒辦法確實完成工作，搞不好還會引起人們在背後議論、瞧不起。

凡是能把想要說的話歸納得相當準確的人，就能在短時間內表達己見，並讓對方理解，進而說服對方。此外，由於**這樣的人可以確切地表達自我，因此也能充分理解他人的意見**。簡言之，就是溝通能力極強，這種人在工作績效上肯定不錯吧！

那麼，該怎麼說才能把訊息歸納得確切、表達精準呢？以及，該怎麼寫出簡潔扼要的電子郵件或文章說服對方、打動他人的心，進而成為溝通高手？

其實，這並非難事。不論是說或寫都無須長篇大論，倒不如學會簡短一些，更能清楚表達自己想說的內容。

針對這個溝通困擾，我所要提倡的就是以「四句結構」進行說、寫、讀。

藉由分成四句架構來陳述，可確切地進行對話；而且只要加以活用，再稍做潤飾，便能寫出一篇精采大作。總而言之，就是**以「四句」為基本進行思考**。透過這種方式，將可說寫自如，甚至能活用於閱讀之上。

接下來，內文會說明如何以四句架構進行「長話短說」、「長文短寫」、「確切閱讀文意」的表達方法。只要學會這個方法，便能有條理地表達內心想法，同時巧妙且堅定地打動對方，為此我在內文中也列舉了一些範文提供讀者參考。

倘若書中的見解能幫助更多人學會長話短說的訣竅，培養出擅長溝通的技巧，身為作者的我將感到無比欣慰。

第1章

表達力就是工作力！聰明人懂得「長話短說」

毫無自覺的錯誤表達，害你難出頭

無論是誰，每天生活中都會與人交談，並且從中獲取或提供新知，「溝通」在這個世界上可說是無所不在。不只是面對面的交談而已，與工作往來對象、甚至是相距千里之遙的人，也會透過電子郵件等方式進行「對話」。

坦白說，人生在世想和他人毫無牽扯，根本不可能！

✤「所以，你到底想說什麼……？」

我每天都必須與人交談，或以電子郵件聯繫。然而在這樣的過程中，我發現當溝通交流的方式變得愈加簡便時，有個狀況愈是令我感觸良深。

舉例來說，有個老愛長篇大論的合作者，或許因為自己為了公事而冒昧打手機給我感到過意不去，電話一接通就先彬彬有禮地致歉，並噓寒問暖一番。然後，不知不覺中再慢慢談起公事，但整個溝通過程，我根本搞不清楚他這通電話到底為何而來。

於是，我一邊敷衍答腔、一邊聆聽，直到快掛上電話前我才終於明白，原來對方希望我把幾天前交出的稿件，刪減兩百字左右。

電話那頭的我忍不住想，一開始他只要簡短快速地做出指示，就不至於浪費彼此的通話時間。刪減兩百字文稿並不會令我不悅，比起那通不知所以然的耗時電話，刪減稿件字數反而更加快速容易。

此外，電子郵件也會發生類似的狀況。

雖然對方信上寫了長長一篇，但我並不清楚他到底想表達些什麼。讀取這樣的郵件不僅累人，由於多半得回信給對方，所以往往會被我先擱在一旁，有空時才會予以回應。其中，對於該如何回信才好而感到猶豫不決、難以下筆的情況，也不在少數。

諸如這樣的狀況，應該不只發生在我身上吧，這種經驗想必人人都有。甚至包含我在內的任何人，都可能打過那樣的電話，或是寄過那樣的電子郵件。

✤多數人踩著「地雷」在溝通

我們之所以開口說、動手寫，都是為了向某人「表達」某件事、某個訊息。不過，就算我們努力表達，要是方法不當，對方便無法理解。如果對此還缺乏自覺，溝通便會發生障礙。

「明明已經告知了呀！」

「什麼？信上是那樣寫的嗎？」

就如同以上兩句對話，明明和對方進行溝通了，卻因此造成彼此誤解，就商務往來而言，的確相當不利。

事實上其實不僅是商務往來，在私人事務方面，要是隨意寄出的電子郵件內容顯得自以為是，極有可能因此被貼上「難相處」的標籤而遭到疏離。

不過，處在當今這個年代，比起強調表達的內容，更重視回應速度及頻率的效率主義思維其實十分氾濫。而背後的因素，或許就是通訊方式變得更加便利的緣故吧！

向對方表達的速度與時機掌握固然重要，不過，要是遇上必須說服對方，或是必須針對事態嚴重的事件進行報告時，**讓對方確實理解自己想要表達的內容才是最重要的**！只靠耍些小聰明，並無法打動對方的心。

如同過度重視對方回應的速度及頻率一樣，我認為大家對於「表達」，其實有著天大的誤解。而所謂的誤解，我先舉幾個例子：

- 「說明時，只要流露感情就能表達己意。」
- 「按照事件發生的時序進行說明，一定淺顯易懂。」
- 「為了對方著想，表達時一定要提供大量資訊。」
- 「溝通時，不應該讓對方想要提出反問才行。」

我相信，有以上這些想法的人，應該不在少數。

✜ 報告訊息愈完整，主管愈不耐煩！

打個比方來說，假設某天直屬主管因出差而全天不在公司，隔天一早就得向他報告前一天單位內部的狀況，這個時候……某些人可能：

「唉，昨天實在是忙壞了！有關A公司的簡報資料，對方提出修改的要求，雖然我們盡了全力嘗試修改，卻改得不是很順利……。」

一開口，部屬便意圖表現出自己和同事們是何其努力地投入工作中。

希望對方明白自己的努力，其實是一種感情的宣洩，不過，表達自己努力的程度並不算資訊，至少不是對方想要知道的資訊。可以說，這名部屬根本不了解對方想知道的是什麼。於是，接著會說：

「上午和B公司的會議，是由我和佐藤先生共同出席，可是對方的反應挺冷淡的。回到公司，當我們正打算對此開會討論時，卻收到A公司要求修改簡報資料的通知，然後就……」

諸如此類，部屬從早上的工作開始，依照先後發生的順序一一說明。結果聽取報告的主管，聽到一半就厭煩地心想：「到底要講到什麼時候？」然而部屬並未察覺主管的反應，又接著說道：

「順便向您報告，A公司的業務負責人從山本先生換成田中先生了。」

由此看來，部屬打算將所有的訊息全塞進口頭報告中。

A公司的業務負責人由山本先生換成田中先生，是足以成為昨天頭條的大事件嗎？

如果是的話，就該先報告這個訊息。不過這個例子的情況並非如此，因為部屬認為：「一次呈報大量資訊全是為了對方著想」，所以才會以「順便」、「順帶一提」的說法，來附加報告一堆瑣事。

其實，會像這樣狂塞資訊給對方，全是因為傳達者心存著：「溝通時，不應讓對方產生疑惑、不可使他們提出反問」的強迫觀念使然。換言之，對部屬來說，絕不能讓對方見縫插針、受對方質疑就等同表達不夠確實，這些成見或許深深地影響了他吧！

雖然以上案例只是其中一例，但想必大家應該有所了解。像這樣對溝通的天大誤解往往充斥於各種日常場合中，因此，表達的內容總是既冗長又複雜。**愈想要表達得清楚，就變得愈冗長、愈拐彎抹角**。

雖然「表達」屬於非常稀鬆平常的動作，但卻需要相當程度的技巧。

然而相對於此，想要找出徹底學習表達技巧的機會，竟然寥寥無幾。於是，**大家都在無意中做了「表達」，卻在毫無所覺之處犯了錯**。針對這種狀況，非得設法解決不可。

抓不出重點？套用四句模式，立刻釐清

請大家試想一下，自己身邊感覺善於表達者，他們的電子郵件和言談方式，多半都相當簡潔。

並不是因為他們將內容簡化而顯得簡潔，而是懂得省略多餘的資訊，**只歸納出最精簡的重點**。溝通感覺上，並不會覺得他過於平淡、也不致於冷漠，這時候總是會認為「這個人的電子郵件一向清楚易懂」。

那麼，所謂的「傳達」究竟是怎麼一回事呢？每當想向對方表達些什麼時，腦中到底如何運作的呢？

想要把表達的內容變得簡潔，首先得讓自己的腦袋清晰，這時候大腦進行的動作就是——抓重點。

✤聰明人懂得抓重點

我長年從事大學、入社應考等申論題撰寫的指導工作，不如就以此經驗為例進行說明吧。所謂申論題應試，就是針對某個題目，將自己的想法合乎邏輯地加以說明的考試。

為了能寫出合乎邏輯的文章，我一向指導學生使用自創的「邏輯模式」＝「四段構成」。其實不只是申論撰述而已，舉凡商業書信等各種寫作或是對話的場合，都可活用這種四段模式的技巧，將想要表達的內容合乎邏輯且精簡扼要地予以歸納。

所謂的「四段構成」如以下所述：

第一段：拋出問題↓「……嗎？」

這是為了表達自己已針對題目的問題點，進行思考整理，並準備針對該項議題陳述意見的開場。

「雖然題目如此主張，但這是正確的嗎？」諸如此類，將題目轉換成「是非題」藉以拋出問題作為開場。

第二段：表達意見↓「固然……不過……」

針對自己拋出的是非題，表明個人選擇的立場。這時候，通常會引述「反對意見」，先說出「固然……」，隨即再以「不過……」論述加以反駁，表達出自己的意見。

第三段：展開論述↓「背景原因是……」、「畢竟……」

針對自己為何持有如此意見，闡述個中背景、原因、歷史原委等，此為申論時最重要的部分。

第四段：結論↓「因此……」

整理全文，最後再次明確表示自己的主張為贊成或反對。

雖然各所大學的應試申論題不盡相同，但通常申論文作答的限定字數為八百到一千字，要在如此限定的篇幅下，最好以四段構成來撰寫。

而且，我們平時經常寄出的商業電子郵件等書信，多半篇幅更短。如果在這種狀況下，試著套用四段構成作為書寫架構，將會變成以下內容：

第一段：拋出問題

新商品「〇〇〇」眞的適合於九月發售嗎？

第二段：表達意見

固然大部分的企業向來都在九月，規畫推出新商品，不過在氣候快速暖化的當今，若顧及消費者需求，應該將發售日往前訂在更早的日期爲宜。

第三段：展開論述

雖然尚未得到確定訊息，不過業界中都在盛傳，我們的競爭對手A公司和

B公司皆準備提早發售，各大媒體也緊盯著他們的動向。

第四段：結論

參酌以上這些狀況，我認爲應該搶先A公司和B公司進行發售爲妥。

以四段構成歸納而成的文章，由於展開的論述十分合乎邏輯，因此不僅能說服對方，還能讓對方心生共鳴。

舉凡公司或家裡的一切事務、腦中思緒等世事，往往十分複雜，難以一言蔽之。不過要是有了這樣的思考模式，大量的資訊內容就能精簡地整合歸納出完整的陳述。而此模式的極致，就是接下來談的——「四句」歸納法。

✤「簡短歸納」很困難？訣竅在——四段構成

以申論題為例，再來說明一下。

有許多從未寫過申論題的學生，無法突然文思泉湧、寫出八百字的文章。這時候我會先依照「四段構成」的邏輯模式，指導他們將接下來準備擬寫的內容以「四句」來歸納，換言之就是：

- **針對題目所言，表示贊成還是反對？**
- **為什麼會有這樣的想法？**
- **還有其他的想法嗎？**
- **最終的主張為何？**

能依照前述要點來歸納已見的學生，在這個階段將十分清楚腦海中想要寫什麼內容，全文架構已成形。接下來，只要稍加潤飾經過重點歸納的短文，立刻就能寫出八百字的申論題作答。而且還能隨心所欲地發表自己的主張，將想法傳達給閱讀文章的人。

不過，有些學生就是學不會抓重點，無法將該寫的重點歸納成簡短的文章。

像這樣的學生往往會漫無目標地寫出內容鬆散、拖泥帶水的八百字文章。

想當然耳，由於從文中看不出撰寫者的主張為何，因此這篇申論文肯定無法合格過關。換句話說，這些學生可能無法思考關鍵：**想做任何表達時，最小單位為「四句」**。

比方說論文寫作，往往需要先釐清自己的研究主題為何，然後針對主題闡述假設觀點；接著寫出足以佐證的實驗結果，以及相較過去的研究結果，為何自己的研究略勝一籌的要點；最後，再根據前面所述導出文章結論「因此我反對○○說法」。

其實歸根究柢來看，論文就是以這樣的「四句」邏輯堆疊架構而成的文章，不是嗎？

若以此模式思考，小說也是一樣的道理吧。主角內心浮現某個疑惑或疑慮，但卻苦惱著「真的是那樣嗎？」就在此時，他忽然巧遇以前的友人而靈光一閃，或是發生了平常不會發生的狀況，導致他發現了什麼重要的線索，最後他終於確信「自己的猜測果然沒錯」。

所謂的「起承轉合」同樣以四個段落來構成，這和我所說的「四段構成」極為類似。

就此看來，其實所有想要傳達給他人的事物，基本上都屬於「四段構成」，換言之不就是「四句邏輯」嗎！更進一步可以直言，世間萬物的構成，就是由所謂「四句」的小積木一一堆疊而成的。

基於此故，**養成以「四句」思考、書寫、說話的習慣，正可謂培養「表達力」的捷徑！**

✤ 條理寫作、發表意見、授課演講的源頭

或許大家會覺得意外，其實古典音樂也和上述的內容有著極為深厚的關聯。

自從在小學課堂上聽到古典音樂後，我便迷上它了，一直聆聽欣賞至今。老實說，我既不會樂器，也看不懂樂譜，更不了解樂理，不過最近竟撰寫出版了一本有關古典音樂的著作，從事起彷若音樂評論家般的工作。

更令我感到驕傲的是，由於我長期持續欣賞古典音樂，結果變得略懂一二。這裡所謂的「懂」，並不是我的音樂知識變豐富了，也不是單純說自己聰明而已。接下來，我就仔細說明是怎麼一回事吧。

古典音樂當中有一種名為奏鳴曲（Sonata）的曲式，其實這種奏鳴曲，說穿了也是由四段構成組成。

在「第一樂章」中，將出現所謂第一主題與第二主題的對立旋律。接著在「第二樂章」中，把出現於第一樂章的兩個主題運用變奏等方式，一邊賦予多重變化，一邊展開演奏，相互交纏爭鳴以求成為主旋律。

到了「第三樂章」時，變了調的主題將重回原來的旋律，而最後的「第四樂章」則為全曲畫下完美的句點。

若將奏鳴曲的曲式定義成第一樂章為「揭序部分」，第二樂章為「展開部分」，第三樂章為「再現部分」，第四樂章為「終章（結尾部分）」，這就和我用來指導申論寫作的四段構成有著異曲同工之妙。

我自己在教課時，完全沒有察覺到這個狀況，但後來聽音樂課的學生提起時，一語驚醒夢中人，使我驚嘆一聲：「原來如此！」

我個人覺得，可能自己在長年欣賞古典音樂的過程中，隨之培養了邏輯思考的能力吧。而這樣的思考順序，或許就在我教授申論議題、寫文章之際，以「四段構成」的形式體現出來了。

此外，不只是指導申論寫作而已，其實包括執筆寫書、大學授課、演講活動等，近年來各種需要我撰稿或發表看法的狀況漸增，而這讓我更進一步認為，四段構成應該是我作為歸納己見、表達己言的核心價值！

✤溝通不能講創意，你得懂架構

前文談及奏鳴曲中的「起承轉合」，並非只限於古典音樂，其實同樣常見於許多童謠和現代歌曲之中。

比方說，由日本音樂家瀧廉太郎作曲的名曲——荒城之月。請大家一邊看著第一段的歌詞，一邊試想此段的旋律（編按：可透過維基百科搜尋「荒城之月」聆聽旋律）。

春高樓兮花之宴
交杯換盞歡笑聲
千代松兮枝頭月
昔日影像何處尋

這首歌曲的編曲結構為A→A'→B→A'。

繼基本旋律A之後，緊接著A的變調A'，然後由第三行展開B，最後再回到A'。

這樣的架構，與文章寫作時的起承轉合如出一轍。那些被稱為日本流行音樂的近代音樂，雖然我涉獵並不深，但似乎編曲結構屬於A→A'→B→C（副歌）的創作也不在少數。

換言之，就如同奏鳴曲的「四段構成」所代表的意義，凡是具有一定程度規則性的音樂，將最能感動他人，贏得共鳴。

雖然有些作曲家會突發奇想，以A→X→G→Y→O亂序組成的音樂也相當優美好聽，但或許那樣的旋律並無法打動人心。

「不明白你想要表達什麼」、「拿回去修改成更淺顯易懂的文章」……會遭受如此批判的人，他們說的話或寫的文章，說穿了必然是如同A→X→G→Y→O一般，屬於亂七八糟的架構。

✤四句邏輯，建構世界的基礎

如同前文所述，基本上交響樂是由四個樂章構成。出現於第一樂章的各個主題，多半是由四個分段組成，而且每個分段的旋律則以四小節為一個單位展開。其實，音樂通常就是以代表全音符四分之一音長——四分音符為一拍來計算。

如果徹底剖析音樂的結構，最後將出現「四」。或許貝多芬（Beethoven）和巴哈（Bach）等天才音樂家們的腦裡，在不知不覺中就是以「四」為單位來思考的吧。

我最崇拜的貝多芬，應該就是意識到這樣的結構，而寫出眾多受人喜愛的樂曲。因此，創作出如同C小調第五交響曲（又被稱為「命運交響曲」）那般的傑作，在全曲四個樂章裡重複數百次「磅磅磅・磅」的旋律，搭建出美輪美奐的音符建築。

所以，每當我聆聽著第五交響曲時，總會心想「這就是世界！」而感動到全身顫抖不已。貝多芬以「磅磅磅・磅」的旋律做為這首曲子的最小單位，然後透過不斷重複演奏，架構出氣勢磅薄的新世界。

這不是和我之前所說——世間萬物的構成，就是由所謂「四句」的小積木一一堆疊而成——的結論完全相互呼應嗎！

金三角訓練，提升你的表達力

對於自己想說或想寫之事，如果全憑突發奇想排成A↓X↓G↓Y↓O的亂序結構，將無法讓對方理解。

這個時候，透過「四段構成」的模式，以及將內容簡短歸納成四段構成的最小單位——四句，就顯得極為重要。

詳細的內容已於前文說明。

✤頂尖人才必備——寫作與說話能力

接下來將延續前述內容，針對可謂表達及溝通基本的——寫、說、讀，介紹「簡短歸納」的技巧。但在此之前，先說明一下三者之間的關聯。

首先是「寫」與「說」，兩者皆存在著表達的對象，雖然執行方式相異，但有關攻略的基本想法可視為完全一致。

人類的腦海裡有各種思緒翻轉其中，明明只要表達一件事，但往往這也想說、那也想講，而且愈想愈多、愈想愈分散，終至無法彙整成具體結論。

不過，如果任由思緒擴張、分散，到了最後的歸納階段便會十分吃力。縱然用書寫的方式，還能反覆斟酌修改遣詞用字，但要是換成對話的場合可就不然。一旦脫口而出便覆水難收，這就是「寫」和「說」最大的不同。

此外，由於對話時，對方就在眼前，因此「說」比「寫」的難度更高。因為自己口才不佳而煩惱不已的人不在少數，這其實也是理所當然之事。閱讀本書之後，只要套用「四句模式」的邏輯思考習慣，即使對於「說」並不拿手的人，同樣能掌握優勢。

✤懂得「聽」、「讀」的人，才會「說」

至於「讀」，到底是指什麼呢？

我認為「讀」等同於「聆聽」。換言之，閱讀文章後理解個中內容，與聆聽他人發言後加以理解，大腦所進行的作業程序應為相同。

「聽」的英文是Hear，法文則是Entendre，不過Entendre也被用來當作「理解」之意。「明白了」、「理解了」的法文為J'entends。由此可知，法語圈的人將「聽」當成「理解」來詮釋。雖然日文沒有這樣的詞彙，但其實我們的大腦進行著類似的運作。

舉例而言，有時聽著公司老闆的訓話，最後卻變得充耳不聞。通常會認為這單純是耗盡了專注力，或是對於對方所言失去興趣使然。

不過，其實應該不只如此而已。或許就是在腦中聽不進訓話內容，而開始變得無法理解吧。因此，對方所言無法輸入腦中留存，導致心中暗想：「剛才我到底是聽了什麼啊？」

相同狀況也會發生在閱讀時，諸如電子郵件、報告、小說、散文等，有時讀到一半便感到痛苦難耐、讀不下去。如同前述，這也是因為讀到一半時無法理解個中內容所致。

✤「表達時代」！你具備這三項能力嗎？

那麼，為了培養「聽」與「讀」的能力，該怎麼做才好呢？

我認為絕不可或缺的就是「寫」，懂得寫了便能讀。當我輔導小學生上國語課時，針對閱讀能力欠佳的孩子所做的指導，就是從「寫」開始。

接下來，我會依序加以說明。

提倡快寫素描的山田雅夫先生（日本高人氣繪畫教室的講師），曾說過這樣一段話。「假設為了作畫而前往某個地方，由於畫的是素描，而得以看見從未留意的當地特色。這個村落裡，什麼樣的房子比較多、什麼顏色常被使用、住家有哪些特色等，這一切都因為素描的繪製，才鮮明地映入眼簾。」

關於繪畫個人所知有限，我猜測在素描前，會從映入眼簾的風景當中，挑選自己想畫的景象。正因為不是漫無目的地望著風景，而是有所構思地眺望，因此能歸納整理眼前朦朧景緻中的各項訊息。此外，自己動手作畫的動機，會讓想要表達的畫意更為明確。

因此，比起不懂繪畫的我，或許作畫之人往往能從繪畫當中接收到更大量的訊息，獲取更多靈感。

其實不見得要以繪畫為例，請大家試想一本曾經讀過，而且至今仍然記憶猶新的小說。那本小說肯定不只是讀過而已，在你閱讀完之後，應該做過「輸出」的動作，例如表達自己的主張、寫過或發表過閱讀心得，或是曾向某人談過心得吧。

文章寫作也是同樣的情形。因為想要擬寫文章，因此會更加精確地理解資訊後再做整理，一旦透過書寫，就能體會此文作者的心境。換言之，因為有「表達己見」的前提，所以「接收資訊」的精準度隨之提升。基於此故，相較於讀（聽），更該優先注重「寫」。

別忘了，當今已是個**講求表達力的時代**了！

隨著電子郵件、部落格等傳訊工具及社群媒體的發達，個人表達自我的機會激增。這個世代，即使不在辦公室，只要利用iPad或雲端，無論身在何處都能工作。

不僅求職考試時，必須提出自傳及志願動機的書面說明；成為社會人士之後，也免不了撰寫企劃案或書面報告等文章。如今，就連小學教育也會舉辦辯論比賽，暢言己見的機會大幅增加；而商務場合中更少不了參與會議、發表意見的狀況。

然而，我不得不說多數人的表達能力仍相當不足，畢竟我們過去並未受過類似的教育訓練，這也是無可奈何之事。

比方說在國語教育上，比起寫作，閱讀能力更被視為重點，因此學校幾乎只教授接收資訊方面的課程。不過，事實上應該**先訓練出表達能力，接收資訊的能力才得以培養**。換言之，為了培養出優於他人的表達能力，「寫」、「說」、「讀」三者能力必須一併訓練。

第
2
章

這樣套公式，精準表達、說服、談判無障礙

聰明人溝通懂得運用「模式」

我們在接收訊息時，通常會一邊擷取重點，一邊進行理解。此時，在腦中進行內容理解、歸納的方法，就是前一章所說的「四段構成」。本章將進一步介紹歸納成四段層次的重要性，以及具體的方法。

✤大腦理解的資訊，比想像中少

對於一出生日常生活中就處處可見電腦的世代來說，或許接下來的例子比較難理解，但早期的文字處理機螢幕只會出現大約四句文字，畫面尺寸相當小。

當時，我買了一台才剛開始流行的文字處理機。費盡千辛萬苦，完成了第一本中論題參考書。雖然是一本薄薄的參考書，但整本書的原稿都得用文字處理機打字，而螢幕上卻只能看到幾行字，前面寫好的部分，在不斷打字下，漸漸地從視野中消失。

後來的進階版文字處理機和現在的電腦，螢幕上都會保留著前面寫好的內容，不僅能快速地瀏覽確認後再繼續打稿，也比較容易察覺邏輯上的矛盾。

現在回想起來，以前的文字處理機因為畫面限制，實在太不好用了。想當然耳，當時的我可是一邊使用文字處理機，一邊感動於「打完字的文章竟然能存成電子檔，真是太棒了！」

雖然我舉出如此老掉牙的古董為例，但若要找個東西來比喻人腦活化部分的容量，最貼切的不就是古早牌文字處理機的小螢幕嗎！

換句話說，**聆聽他人所言或閱讀文章時，大腦所能理解的容量，恐怕比我們想像的還要少**。

或許可供人類記憶和理解的儲藏空間無限，想存放多少容量都沒問題；不過有個附帶條件就是「何物歸於何處」必須相當明確。可以說，人腦的儲藏空間固然無限大，但活化部分的容量恐怕不是無限大吧！

✤資訊要「歸納」，才有效

打個比方來說，電腦的容量可無限擴充，因此我們總是心想：「這份資料早晚會派上用場吧？」然後暫且存入電腦中。然而，一旦真的需要時，通常會變成「咦？我的檔案存到哪去了？」完全找不到資料。

雖然試著憑藉僅有的記憶搜尋，「應該是去年夏天處理那件工作的時候沒錯啊……」辛苦地一一確認隨身碟、不斷開啟檔案，可是卻遍尋不著。就在如此四處翻找的過程中，漸漸搞不清楚自己到底要找什麼，結果浪費了大量的時間。

不過，如果在把資料存進電腦的當下，立刻建立檔案夾並清楚命名，不僅隨時都能取出，整理起來也變得容易許多，自然不會發生「明明存了資料，卻無法取出」的情況。

若把電腦換成人腦來說，這種**「檔案歸類、命名」的動作，就等同於將資訊**

歸納成「四句」。只要以「四句檔案」的狀態存在大腦，一旦需要表達，也能立刻以可用的狀態取出。可以說，一旦把資訊歸納成最小單位──四句，便是立即可運用的有效資訊。

還有一件更重要的事！透過簡短歸納成「四句資訊」的方式表達，由於已經分門別類、歸納成「檔案夾」，因此更容易停留在對方的腦海中。這就有如把資訊從自己的電腦轉送至對方的電腦一般，原封不動地傳達出去。

如此一來，將不再遭人抱怨：「那麼，你究竟想說什麼？」、「看不懂那個人的企劃案到底在寫什麼……」了！

九成的溝通、談判，都能變化運用

那麼，「四句檔案夾」應該如何建立？**此時最重要的就是——模式**。前文已說明如果有合乎邏輯的思考模式，就能輕鬆寫出八百字的申論文章。只要善用這個模式，在平常各種場合中，將不再猶豫「這次該怎麼寫？」；也無須擔心「自己能順利把話說清楚嗎？」所有的表達都能輕鬆完成。

✤建立大腦的套版模式，溝通才精準

模式類型有四種：

〈基本布局型四句〉、

〈開宗明義型四句〉、
〈據理力爭型四句〉、
〈故事鋪陳型四句〉。

接下來，會為大家一一說明。首先，介紹〈基本布局型四句〉：

基本布局型四句

①拋出問題	週末計畫去看電影，你覺得好嗎？
②表達意見	到街上走走固然不錯，（不過）享受一下大自然也很棒。
③展開論述	這陣子連日加班，彼此都累積了不少疲勞。
④結論	不如避開人潮，到山上走走吧！

這就是前文介紹過的撰寫申論文時，所使用的「四段構成」。

先「拋出問題」，宣告自己將針對何事而寫（說）；接著「表達意見」，對於此事表明個人立場。然後，以「因為有這些理由」、「過去曾發生過這樣的狀況」等具體措詞，針對話題「展開論述」，最後則陳述「結論」。

在表達意見的陳述上，可先提出「固然……」展現自己一併參酌了反對意見，接著再說句「不過……」加以反駁，這樣的句型最能合乎邏輯地表達己見。從難以啟齒之事到讚美之詞，任何狀況都能採用，可稱為「萬用模式」。

閱讀說明、論述文之際，若先牢記此種模式，將更易於深入理解內容。

接著，我將說明〈開宗明義型四句〉。

開宗明義型四句

①**結論**	週末不要去看電影了，一起去山上走走吧！
②**根據**1	這陣子連日加班，彼此都累積了不少疲勞。
③**根據**2	如果放假去人潮眾多的地方，人擠人的只會更加疲累。
④**根據**3	偶爾來個森林浴也有其必要喔。

藉由一開頭就說出結論，讓表達的內容得以前後一致，貫徹始終。協助對方一開始就能立刻了解：「原來你想說的就是這個啊！」

當你想要明確表達贊成或反對時，這種模式最適用。尤其有時基於立場，必須向對方清楚表達意見。**諸如對部屬下達命令或指示，或必須說出難以啟齒之事的時候，這種模式便相當實用**。

不過這種模式也有風險存在。由於劈頭就把話說白了，因此極有可能激怒對方，導致對方不願意把話聽完，或是不願意看完接下來寫的內容。

這個時候，不妨試試下一個模式吧！那就是開宗明義型的變化版——〈據理力爭型四句〉。

據理力爭型四句

①**根據**1	天啊，你的黑眼圈都跑出來了。
②**根據**2	這陣子連日加班，想必累積了不少疲勞。

③根據3——我覺得偶爾來個森林浴，消除疲勞是有其必要的。

④結論——所以，週末不要去看電影，去山上走走吧！

當身處溝通劣勢，卻又期待一切能盡如己願時，這個模式相當有效。而且相較起來，與其靠文字表達，**更適合利用言語論述「據理力爭型四句」**。

當你陳述著根據1、根據2的時候，若感覺到「對方似乎不怎麼認同」，或是「自己的言論可能讓對方心情變差了」，應該設法不被對方察覺地把話打住，或是曖昧地做出結論。雖然手段略顯狡詐，但為了讓溝通順利進行，有時必須略施小技。

若是以文字表達的話，只要在擬定內容的過程中，一邊留意「這樣的內容具不具說服力」就可以。

只不過平時不習慣按照邏輯列舉根據者，恐怕話才說一半便容易說錯話，如此一來將前功盡棄，因此事先充分理解模式結構是相當重要的。

最後，我要說明的是〈故事鋪陳型四句〉。

故事鋪陳型四句

①**動機**	今天我看了一篇雜誌上的登山健行專欄。
②**故事**	這篇專欄的內容寫得真有趣，讓我好想立刻上山到處走走看看喔。
③**高潮**	聽說〇〇〇山只要爬大概一小時，就能看到一座美麗的瀑布呢！
④**總結**	既然如此，要不要週末去瞧瞧？

當你想要透過電子郵件或部落格，把親身體驗或親眼所見的人事物，趣味橫生地告訴大家時，就非常適合採用「故事鋪陳型四句」。

在針對小學生進行作文指導時，我也是使用這個模式。對他們而言，若想要將運動會或遠足等親身體驗，生動有趣地傳達給閱讀文章的人，套用此模式是最容易下筆的。想當然耳，與朋友或家人之間的日常會話同樣適用，換言之，這是一種可將自身體驗充滿趣味地傳達給聽眾的方法。

✤讓人願意傾聽你的「溝通頻率」

針對四句模式的概念，我再說明得更詳細一點。以四百字原稿紙為基準來思考的話，一行若是二十個字，假設四段構成的每段層次約二十到三十字，那麼「四段」總計就有八十到一百字左右的資訊量。

以前，我曾請教過一位活躍於廣播界等領域的「溝通專家」。據他所說，有一種資訊量能讓聆聽者感到相當舒服，換個說法就是說話的速度與節奏。具體而言，人們容易聆聽的速度為三十秒說兩百字，由此想來，四句總計八十到一百字的資訊量，則費時不到二十秒。

為了建立「四句檔案夾」的四大思考模式

〈基本布局型四句〉	〈開宗明義型四句〉	〈據理力爭型四句〉	〈故事鋪陳型四句〉
①拋出問題 ②表達意見 ③展開論述 ④結論	①結論 ②根據1 ③根據2 ④根據3	①根據1 ②根據2 ③根據3 ④結論	①動機 ②故事 ③高潮 ④總結
使用「固然……不過……」的句型，主張個人論點，屬於可用於說服、推託、諂媚等各種狀況的萬用模式。	每當你必須向對方表明意見，或是諸如命令、指示等，基於立場非說不可的事項時，即可套用此模式。	當你要說出難言之事，像是向主管報告；或是身處劣勢卻期待一切能盡如己願時，這個模式即相當有效。尤其是與人對話時，可一邊觀察對方的反應，一邊進行對話調整。	想要把親眼所見或親身經歷的事物，有趣地告訴對方時，比方說心得、報告、撰寫部落格等，建議套用此模式。

因為演講活動及大學授課等場合，讓我在人前說話的機會變多了，因此自己也嘗試做了實驗。當我試著測量說完兩百字得花幾秒鐘時，結果真的是三十秒左右。

或許這樣的資訊量對於聽眾來說，算是能清楚記憶的負荷量；同時也是當自己說話時，對方願意安靜聆聽的內容量與時間長度吧。

經過這樣的估算，以四句等於八十至一百字的資訊量為標準進行表達，果然可說是相當合情合理。

因此，一旦將「四段構成」牢記腦中，當遇到必須提出抱怨、非得訓斥同輩或較自己年長之人、擬寫難以下筆的電子郵件等狀況時，再也不需要因為不知所措而煩惱不已了。有了隨時能套用的「模板」，所以花費的時間得以大幅縮減。

接下來，從第三章開始，我會針對「寫」、「說」、「讀」三大部分，分別介紹如何藉由四句簡短歸納，讓表達變得容易許多的具體方法。

第3章

「寫」出打動人心的電子郵件、報告及企劃

難以下筆？先挑一個模式來套用

有些人總是自稱「拙於寫作」，詢問理由後，他們多半會回答：「因為小時候為了作文吃過不少苦」、「因為總是比別人多花數倍的時間來寫作」……毫無緣由的自卑感，引發了自覺笨拙的心態。

事實上，並不需要極端地認為自己拙於寫作，因為大部分的人只是不曾被教導基本的寫作方法罷了。

你只是少了一個方法

我曾在過去的多本著作當中，對於「文如其人」提出異議。如同其字面之意，大部分的人都認為所謂寫作，就是將真實的自我赤裸裸地呈現出來。雖然這麼說沒錯，文章作者的思想、個性、智慧，的確會從文章中流露出來，不過，無須因為如此，就老老實實地一切據實寫出。

話雖如此，日本的學校教育卻是指導學生「請寫下遠足當時心中的感想」。因此，大部分的學生都為了據實寫作而絞盡腦汁，結果就變得愈來愈討厭書寫。

基於此故，我希望大家試著這樣思考看看。其實所謂的書寫，不過是擷取實際狀況的一部分，再加以編寫潤飾而已。如果從頭到尾完全依照實際狀況撰寫，所寫下的文章將變成漫無止境的長篇大論，而且也會變得令人難以理解。

因此，應該將實際狀況以較為戲劇性等方式加以包裝演繹，讓文章變得易讀、有趣，就算誇張點也無所謂。想當然耳，絕不可以完全捏造，但是稍微編寫潤飾一下無妨。

就此看來，在腦中細細推敲應寫的內容後，布局成對方容易讀取的形式，可說是另一種演繹，而為此所需的終極技巧就是「四句」模式。

✤如何寫出讓對方立刻讀取的電子郵件？

不過，有些人應該會質疑：「若完全依照模式下筆，難道不會變成缺乏特色的文章嗎？」、「只寫四句，交代得了所有想要表達的內容嗎？」……。

其實，無須特別擔心。套用模式下筆，文章的整體架構將變得合乎邏輯。而且，書寫者為了讓文章符合邏輯且淺顯易懂，通常會字字斟酌推敲，自己的特色也會隨之凝縮其中。因此，擔心因為套用模式，文章就缺乏特色的情況，是絕不可能發生的。

除此之外，能夠寫得合乎邏輯，表示自己對於表達的內容已有所理解，並且整理歸納在腦海中。只要不寫得拖泥帶水，應可於四句之內交代完想要表達的內容。

在撰寫工作報告或電子郵件時，這個方法將可發揮絕大成效。接下來，我們一邊列舉具體事例、一邊利用四句模式進行說明吧！

〈事例1〉一般商業電子郵件

日前的會議進行很長一段時間，辛苦您了。

關於您提案的「五家公司聯合定期午餐會」，個人相當佩服，不愧是人稱「點子王」的田中先生才能想到的活動。我感到極大的興趣。對於各公司的年輕業務負責人來說，我認爲這項活動是個很好的學習機會。

類似這樣的活動，我個人未曾有過相關經驗，十分希望能一起參與學習，因此我立刻找了主管商量，不過他卻做出指示，要我針對自己爭取參加的目的，提出更加明確的說明。

因此請給我一些時間再做回覆。

不好意思。

打個比方來說，假設有位工作上結交的朋友，向你提出了「五家公司聯合定期午餐會」的交流活動提案。我相信，在商務場合中，應該經常發生諸如此類的狀況吧。雖然這封電子郵件的主要內容為感謝對方提案、徵詢各方意見，但從中卻看不出你的立場是傾向贊成或是反對。

在這種情況下，就活動提案者的立場來說，與其收到一封內容為「謹先向您致謝」的回信，他應該更期待你在信裡表明立場。

此外，這封電子郵件的內容不僅較為鬆散，而且也相當冗長。類似這樣兼具感謝函的電子郵件，就算對方順利收到了，收件人應該幾乎不記得信中的內容吧，因為無論哪個部分都令人印象不深。

這時候如果試著採用〈基本布局型四句〉撰寫信件，將變得比較容易讓對方了解。

應用〈基本布局型四句〉

①拋出問題

日前針對「五家公司聯合定期午餐會」的開會討論，我認為相當有意義。

②表達意見	固然公司主管指示我必須針對自己爭取參加的目的，提出更加明確的說明，不過我認為盡快促成這樣的聚會活動是相當重要的。
③展開論述	今後在各種場合中，業界年輕世代的橫向溝通應該會變得頗為必要吧！
④結論	不愧是人稱「點子王」的田中先生您才能想到的活動，請務必讓我一同參與，今後還請多多指教。

這個模式的重點在於②表達意見的部分，運用了「固然……不過……」來進一步論述。

諸如「固然主管反對……不過我基於○○○的理由，認為促成聚會活動相當重要。」可先引述反對意見，然後再展開個人的論述。

藉由進一步談及反對意見，可展現出自己已參酌事情的正反兩面，如此一來，便能留給對方「眼界寬廣」、「具有多元想法的人」等良好印象。換句話說，就是懂得為自己加分的聰明表達方式。

此外，對於不善於明確表達己見的人來說，這種模式是絕佳的思考訓練。只要使用了「固然……不過……」的句型，自然而然非得去思考「不過……」的部分。即使是向來想法曖昧、總是猶豫不決的人，只要依照這樣的邏輯書寫，一定能論述出某個結論。

若是無法將自己的意見加以簡短歸納，確實地向對方表達，其實就代表了自己的想法尚未理出頭緒，這是永遠不變的真理，不是嗎！雖然，有時覺得自己的腦袋已做好歸納，不過一旦試著表達，卻是曖昧模糊、毫無邏輯可言，便意謂著你並未完成真正的歸納。

有些高中生，因為還不熟悉申論寫作時運用此種模式撰寫，有時寫了「不過……」之後，又再一次以「不過……」展開論述，變成自打嘴巴，個中邏輯混亂不堪。結果，文章的內容顯得更加不知所云了。

因此，一定要牢記「盡可能以四句簡短歸納，以符合思考的模式」，便能避免這種混亂發生。藉由所謂的「四句限制」，即可將想要表達的內容，言簡意賅地進行歸納。

同樣的內容如果採用〈開宗明義型四句〉來寫，將變成以下內容：

應用〈開宗明義型四句〉

①**結論**	關於您日前提案的「五家公司聯合定期午餐會」，請務必讓我一同參與，特此告知。
②**根據**1	我認為這項活動對於各公司的年輕業務負責人來說，是個很好的學習機會。
③**根據**2	而且對於我目前參與的其他專案，應該也有極大的助益。
④**根據**3	能夠參加業界馳名的「點子王」田中先生所企劃的活動，我現在已感到興奮莫名，今後還請多多指教了。

在商務場合中，常有探詢對方立場的情況發生。例如，想得知對方針對這個活動，就公司及專案角度來說看法如何？個人又有什麼意見？……溝通過程中，往往得一邊互探心意，一邊進行工作。

諸如表明「我贊成喔！」、「我無法認同，所以反對。」等，若情況屬於表明立場為佳，則〈開宗明義型四句〉最為適用。

先寫出結論，然後一一列出你之所以如此思考的根據。而且開門見山寫出想要表達的內容，較容易讓對方理解自身立場。能夠十分言簡意賅地加以歸納，無須長篇大論，為此模式的特徵所在。

只不過在列舉根據時，如果對於對方有所顧慮，或意圖說些甜言蜜語，有時從第二行開始，內容會變得冗長無趣。由於是在讚美對方，因此忍不住認為就算寫得再長，對方都能包容，結果就變成了長篇大論。而這樣的風險，也能藉由套用模式書寫來避免。

雖然，〈開宗明義型四句〉的優點是開門見山地表明了文章作者的立場，但也可能如前文所述，一開始便激怒了閱讀者，導致其不願看完全文。除此之外，當必須告知對方難以啟齒的事情時，有時也不容易打從第一行就寫出結論。

針對這類狀況，我建議不妨採用〈據理力爭型四句〉。

應用〈據理力爭型四句〉

①**根據**1	關於您日前提案的「五家公司聯合定期午餐會」，不瞞您說，由於公司主管要求我說出「明確參加的目的」，因此拖延到現在才回信給您。
②**根據**2	就我個人的看法，我深信這項活動對於各公司的年輕業務負責人來說，是個很好的學習機會。不過在實施期間、參與成員及預算等相關細節尚未敲定前，似乎無法獲得部門的許可。
③**根據**3	此外，還有個私人原因，我擔心自己目前參與的專案例會，極有可能和午餐會的時間相互衝突。

④結論

雖然，我對於人稱「點子王」田中先生您才能想到的活動感到極大興趣，但這次恐怕只能容我婉拒，甚感遺憾。

上述的模式為先提出根據，最後陳述結論。一開頭便「不經意地暗示可能的結論」，接著一一闡述根據，最後讓對方認同。

以這封信為例，第一行先從旁切入寫出「經公司主管指示」，然後陸續提出部門意向、個人因素等根據，全然一副比起個人意願，自己更受制於其他方面，最後再將結論導向「不得已只好婉拒」。

其實這個模式還具有深化思考的效果。在陸續提出根據1、根據2、根據3的過程中，能自我察覺「這樣恐怕還不足以說服對方」。若真如此，不妨試著調整內容，如果實在認為毫無說服力，乾脆直接改換其他模式下筆。

反之，當一邊思考是否仍有該留意的觀點或忽略的重點，同時一邊擬寫文章，過程中極有可能會發現新的根據，這正是透過「書寫」所帶來的結果。

以文章向對方表達己意時，因為無法和對方面對面溝通，因此，除了一再斟酌推敲字句之外，一旦感覺策略失敗，只要立刻調整策略、改寫就行。反覆進行這樣的「四句書寫訓練」，我相信，過程中你一定能感到寫作能力顯著提升。

接下來，如果採用最後一種〈故事鋪陳型四句〉，將變成什麼樣的內容呢？

應用〈故事鋪陳型四句〉

①動機	田中先生，關於您日前提案的「五家公司聯合定期午餐會」，有個好消息要向您報告。
②故事	剛才，我巧遇了當初會議時提起的X公司山崎先生。
③高潮	我馬上跟他說了這項活動，結果他表示：「請務必讓我一同參與。」而且還說：「真不愧是『點子王』田中先生呢！」

④總結

——預計下週我會敲定實施期間、參與成員及預算等相關細節，屆時請多多指教。

事先評估自身與對方的關係、距離感，寫成以上口吻輕鬆的內容，必能瞬間緊抓對方的心。

活用這種模式的要領，首重故事的趣味性與新鮮感。在取悅閱讀者的同時，最好還能以「提供一些新資訊」的心態下筆。只不過通常以自身體驗為主的話題，容易讓對方誤認為自己不過是在炫耀或自滿，因此務必當心不可變成「自說自話」。

關於四種「四句模式」，我想大家應該有所了解。

只要牢記模式種類及四句架構裡該寫些什麼，便可大幅縮減平常花費在商業電子郵件上的時間。想當然耳，不光是商業電子郵件而已，諸如書面報告或企劃案等，基本上都可視為這四種模式的延伸應用篇。

「忍不住愈寫愈長……」這樣解決

收信時最令我感到困擾的，就是收到鋪陳過長的電子郵件。

每次看信我都是從頭看起，有些信件不管我看了多久，依然搞不清楚來信者所言何事。只見信上洋洋灑灑地寫著感謝的詞句、當天的天氣，甚至還有關心我身體狀況的內容，直到最後，我才終於搞懂對方「原來主要是講這件事啊！」

鋪陳冗長的主因有二，其一，單純寫得過於禮貌，這應該是寄件人顧慮到不可失禮，認為彬彬有禮的寫法才屬美德的想法所致。至於另一個原因，則是因為內容實在難以下筆，為了找藉口推託，導致鋪陳變得冗長。

若將兩種原因相比，後者較容易有所自覺。通常他們都會心想：「真傷腦筋耶！」、「該怎麼寫，對方才能理解我的難處啊！」等，絞盡腦汁地苦思內容，最後則是反省：「啊，原來已經寫成長篇大論了。」同時按下「寄出」鍵。

除此之外，有時還會以曖昧不明的寫法，自我感覺良好地認為「這樣對方應該能了解我的心情了吧！」針對這種狀況，我將於後面的章節中說明。

✤寫得冗長有禮，最沒有禮貌

在此，我想先談談沒有自覺、寫法太過彬彬有禮，結果導致鋪陳冗長的例子。想當然耳，這種狀況也能利用四句模式加以改善。

〈事例2〉鋪陳過長的商業電子郵件

大家好。

十分感謝各位出席前幾天的電子書對策會議。

會議進行了很長的時間，也出現多次熱烈的討論。

就對策委員會而言，看到各位對此議題如此高度關注，安心了不少。

今後本會擬持續觀察市場動向，並一邊與各位進行商討。希望後續營業部同仁到各大書店、編輯部同仁與其他公司或作者接觸、以及總務部同仁與廠商聯繫時……公司各個部門都能協助收集相關資訊。

此外，公司收到了大量投稿。

因此，對策委員會打算針對這些稿件各自的條件及優缺點進行匯總，並於下次七月九日（五）的對策會議中提出報告。

希望大家都能以正面積極的態度迎向書籍電子化的趨勢，將此視爲全新的事業契機，並且踴躍出席下次的會議。

七月一日

電子書對策委員會

以往這類同時分發給「各部門相關人員」的書面文件，都是寫在紙本上，而為求文章體面，或許需要寫出相當份量的篇幅。不過時至今日，許多公司內部文件幾乎都是使用電子郵件，正因如此，商業場合中的資訊發送頻率大增，而且內容變得簡短扼要。

基於此故，凡是一般的商業電子郵件，必得**設法避免「愈求禮貌，愈寫愈冗長」**。無論是寄件者、還是收件者，對於他們而言，冗長的電子郵件只會浪費時間，經濟效益當然不佳。

為了避免特地寫了卻沒人願意看；或是遭人埋怨花了時間看，卻不明白所為何來，不妨養成運用四句模式擷取重點的習慣，拋開「禮貌＝冗長」的錯誤認知，轉念為「禮貌＝簡潔」的習慣吧！

就這封信來說，最重要的就是必須釐清最想表達的內容為何。

應用〈基本布局型四句〉

①拋出問題——十分感謝各位出席前幾天的電子書對策會議。

②表達意見——就對策委員會而言，為求得以有效活用各部門資訊，希望今後

③展開論述	也能繼續保有與各位商討的機會。 另外，針對公司收到的大量投稿，本會擬匯總之後，於七月九日（五）提出報告。
④結論	希望大家都能將書籍電子化的趨勢視為一種事業契機，踴躍出席下次的會議。

明明擷取重點後只要四句就能交代清楚的內容，卻被寫得又臭又長的例子，其實相當多。然而，由於商業電子郵件無人可代為檢查，只能靠自己察覺修改，因此絕不疏於自我檢查的心態十分重要。

✤愈難下筆，愈不能長篇大論

再舉以下這封信為例：

〈事例3〉藉口連篇的電子郵件

金田三郎先生，您好。

平日承蒙多方指教，由衷感謝。

本公司擬針對首度以進軍新加坡為目標的企業舉辦講座。以前曾邀請您蒞臨演講「新加坡經濟情勢」，當時極獲公司同仁好評。而且演講之後成為您的粉絲，並且拜讀大作的年輕同仁不在少數。本次準備開辦講座之際，許多人皆提議務必再次邀請您來主講，因此特擬此函敬邀。

透過老師淺顯易懂的說明及豐富的資料，相信定能辦出一場無人能及且充實精彩的講座。惟基於本公司的片面因素，這場講座乃緊急策畫舉辦，因此預算並不充裕，甚感抱歉。去年本公司未預估到業界會有如此變化，因此沒有規畫這場講座，也未編列這筆預算。此外，這場講座預定於兩週後舉辦，時間相當緊迫，臨時來拜託您，真的非常過意不去。

在如此狀況下，若您願意受邀演講，本公司將十分感激。
百忙之中打擾甚感抱歉，懇請惠予關照協助。

為了鋪陳信件中最難以啟齒的正事，寄件者意圖開頭先吹捧對方一番，因而讓這封信的前半段內容變成藉口連連。

其實，我也經常收到這類電子郵件，雖然重點就是有事相託，但卻附帶條件「無法支付十足的費用……」、「非常急迫……」。但就我而言，我並不太在意這些附帶條件，而且也相當清楚委託者的狀況。

因為本來就理解辦一場演講難免有各種狀況，所以每當收到這類加註許多無謂說明的電子郵件，我總是不得不看卻又看得十分痛苦。

若以申論文章為例，情形是相同的。申論文是針對某個題目表明贊成或反對、進行論述，不過要是用來說服對方的根據曖昧不明，或是對於書寫的知識缺乏自信，為了加以掩飾，有不少學生便會寫成冗長的文章。

如果心懷愧疚或缺乏自信地書寫，不僅無法寫出讓閱讀者產生興趣的內容，甚至可能招來反感，如此一來，將失去特地撰寫內容的意義。

那麼，接著就來看看運用〈基本布局型四句〉寫成的內容吧。

應用〈基本布局型四句〉

①拋出問題	金田三郎先生，您好。平日承蒙多方指教，由衷感謝。
②表達意見	本公司擬針對首度以進軍新加坡為目標的企業舉辦講座，並打算邀請新加坡情勢權威的金田老師您來主講。
③展開論述	誠如所知，雖然本次預算並不充裕，而且舉辦講座的日期相當緊迫，但正因為此刻的我們應該更加鑽研世界情勢，所以十分期望您能助一臂之力。
④結論	百忙之中打擾甚感抱歉，懇請您能繼前次講座，再次惠予關照協助。

只要採用四句模式，前半段的鋪陳與後半段的藉口，都不會過於濫情地寫得又臭又長，篇幅也將大幅縮減。

寫出如同本章開頭所舉的兩例書信內容者，多半說話方式也是大同小異，顯得又臭又長。這全是因為他們無法在腦中將想要表達的內容，加以摘要歸納所致。只要養成四句書寫的習慣，說話方式將具體出現變化，此部分會於後續章節中詳細說明。

讚美或反對，你得用對糖果、鞭子或毒藥

想要簡短歸納，而且讓閱讀文章者留下深刻印象，個中有其訣竅。我們之所以要文字書寫，就是因為自己內心想說些什麼，才會使用文字向他人表達。

不過，明明有話想說，一旦提筆卻又苦惱於「思緒好亂喔……」這種狀況，並不限於書寫長篇大作的論文或著作，即使是平常微不足道的備忘錄或電子郵件也是一樣。

結果不久後漸漸覺得寫文章十分麻煩，甚至喪失信心，而自認為「拙於寫作」，最後對於提筆書寫的機會敬而遠之。

為了避免陷入這樣的惡性循環中，最重要的就是先釐清自己想向對方表達些什麼後，再提筆。

✜溝通前，先決定「策略」

此處所說的「想向對方表達之事」，並非「該寫的內容」，精準來說，應該是——**希望讓讀取文章的對象如何解讀的「策略性內容」**。

打個比方來說，假設你把一件對於部屬而言，難度稍高的工作交辦給他，雖然你從旁關照著他的工作表現，並且心想「只要他提出疑問，我就立刻出手相救」。但這名部屬卻全無需要協助的徵兆，結果還提早於原訂期限前，靠一己之力出色地完成工作。而且檢查個中內容，完成度非常高。

這時候，你打算大力讚美部屬一番。猛然一想，幾天前自己才剛斥責過他：「工作態度太懈怠了！」或許這一罵產生了效果，但反之，自己心中也閃過不安的念頭：「他會不會還在記恨呢……。」

無論如何，你希望在部屬的心中深植美好形象，而不是被列為「不受歡迎的主管」。一旦眾多思緒交錯，最後必是苦惱於「那麼，這封信該怎麼寫才好呢？」……諸如此類的狀況。

但只要運用四句模式，就能寫出簡潔有力的讚美信。

接著，就直接運用〈基本布局型四句〉，試著寫封讚美部屬的電子郵件吧！

應用〈基本布局型四句〉

①拋出問題
看過你寫的企劃案後，我確定當初將這件工作交辦給你，果然是正確的。

②表達意見
固然P公司突然變更了方針，不過你卻能在這麼短的時間之內完成匯總整合。

③展開論述
照這個情況看來，應該可以在下週的簡報之前，開一場比較詳細的策略會議。

④結論
明天開會時，先設法進行部門內部的整合吧！

收到主管寄來這樣的一封電子郵件，應該沒有部屬會不開心吧！就算曾因挨罵而懷恨在心，但基於完成工作的成就感及工作態度受到肯定的充實感，對於主管的評價絕對能由負面轉為正面。

✤說服主管、提出建議，這樣寫才加分

前文例子中的「應寫內容」，也就是「策略性內容」，即為「讚美部屬的工作表現，一掃他對你的不良印象」。換言之，就是**理解對方的立場，然後明言對方所期望之事**。如果能這麼做，一定能緊緊抓住閱讀者的心。

此外，還有一種策略——因想要先了解對方立場，然後刻意說出讓對方不知所措之事。例如使用煽動情感催淚、威脅或恐嚇等方法。

無論哪一種狀況，都得先沙盤推演至讓對方抱持這樣的想法後，再來擬寫信件。如此一來，對方原已被自己緊抓的心，會變得更貼近自己的立場。或許有人認定所謂撼動人心的文章，必須是文筆生動、措詞優美的文章，但這個觀念其

實大錯特錯。

許多人拙於讚美他人的程度超乎想像，不過事實上不擅長的事不只是讚美他人而已。偶爾想稍微挖苦一下對方，但又不喜歡在人際關係上招惹風波，於是寫出了一篇無傷大雅的內容。明明只要再寫得巧妙一些，就能隱約刺到對方的痛處，進而得到助益，結果卻在最後關頭宣告放棄。

諸如此類的狀況之所以好發於日常，並非是當事人凡事總想曖昧結束的特性使然，完全只是因為不清楚「策略性文章」的寫法為何罷了。這時候，為求策略性地擬寫，能幫上大忙的也是四句模式。

舉例來說，前文讚美部屬的書信範例便使用了〈基本布局型四句〉。利用「固然……不過……」的句型，寫成「固然P公司突然變更了方針，不過……」，使得第二行的讚美內容具有了說服力。由於明確地安排每個層次的內容，因此能毫無困難地完成一篇有條理的文章。

那麼，在「改變對方想法」才是最好的情況時，應該怎麼下筆呢？

採用〈基本布局型四句〉縱然不錯，不過若是運用〈據理力爭型四句〉，列舉根據1、根據2、根據3，最後於結論部分寫出「我已能預見若依照你的想法執行，將會導致這些不良後果，如此一來也無所謂嗎？」

透過這樣巧言施壓的效果應該更棒吧，換言之，**若想「威脅」對方，〈據理力爭型四句〉可說是再適合不過了**。

應用〈據理力爭型四句〉

①根據1　我看了你前幾天提出的企劃案，但我覺得新商品A的發售時期恐怕太早了。

②根據2　因為前一項商品的相關促銷活動仍如火如荼地進行中，

③根據3　而且我認為必須同步緊盯其他公司的動向。

④結論　若要執行這項企劃案，勢必得為了成立專案小組進行人力調整等，相當費時費工。恐怕也會因此，而影響到身為課長木村先生你本身的工作。

透過案例可看出，巧妙地將自己最想表達的內容，安排在四句中重點所在的第一行。換言之，只要牢記此模式，便可輕易地表明自己的立場，精準地達成「讚美」或「威脅」等目的。

✤「糖果」、「鞭子」或「毒藥」，都能打動對手

讚美、諂媚、威嚇、催淚等策略性動作，任何人在日常對話中都會不經意地表現出來，但刻意行動反而相當困難。若要當面說出來，就必須抓準時機，尤其是讚美的場合等，特別令人感到難為情。

然而即使同為難以啟齒的內容，若以文字表達便容易多了。因此，遇上關鍵時刻之際，更得具備寫作能力，以求寫出打動對方內心的文章。基於此故，先決條件當然就是力求言簡意賅。

如果讚美或催淚的語句寫得又臭又長，對方恐怕不會看到最後，就算看完也無法打動他，如此一來將毫無意義可言。可是，只要活用四句模式，無論是

「糖果」、「鞭子」或「毒藥」，全都能收服對方。而且，文字表達的可取之處，就是過程中可以一再重寫，推演到最佳的狀態。

此外，因為有固定模式，所以得以立刻因應，無須浪費時間思考：「該怎麼寫才好？」有效掌握關鍵時機，緊緊抓住對方的心。更棒的是，若想讚美對方只要改變模式即可。以前述讚美部屬的狀況為例，若採用〈據理力爭型四句〉，將變成如下內容：

應用〈據理力爭型四句〉

①根據1	固然P公司突然變更了方針，不過你卻能在這麼短的時間之內，將企劃案整合完成。
②根據2	而且企劃案中，完全沒有需要修改的部分，
②根據3	編排方式也容易閱讀許多。
④結論	果然，將這件工作交辦給你是正確的！

先列舉出根據，最後以直率的讚美之言結尾。只要用慣四句模式，將可因應對象和狀況，隨心所欲地選用模式，歸納文章。

為了讓大家能夠應付各種狀況、隨時套用，本書最後一章附有書信範例集，希望大家能多加活用，學會緊抓人心的表達方法。

制式文件，寫出你的特色、求差異

商務場合充斥著各種書面文件，例如公司內部的報告、企劃案、悔過書、會簽表等；公司以外則有問候函、道歉函、委託函、拒絕函等。而且隨著公司及業種的不同，這些書面文件多半備有相異的格式。

除了制式格式，內容全都有所規定，雖省去不少麻煩，不過似乎並沒有因此讓人輕鬆寫出內文的效果。

通常令人難以下筆的部分，多半是報告當中的「心得」、「研修課程結業感想」等，換個說法，就是讓人自由發揮的部分。一旦絞盡腦汁地填完必填項目，便自覺已寫得相當充分，結果尾端、最重要的「感想」，卻變得敷衍了事。

✤寫報告，不要只想當「好孩子」

大家千萬別忘了，主管最想看的部分其實是——心得感想，才會特別要求部屬提交報告。

〈事例4〉研修課程課後報告的書寫方法

日前參加了下列研修課程，謹此報告。

記錄

・研修主題　邏輯式談話的理論與實行
・舉辦日期　○年○月○日
・舉辦場地　旭日飯店　鳳凰廳

・講　　師　財團法人　未來人才培育委員　〇〇〇先生

・研修內容　主要授課內容如下：

(1)合乎邏輯的說話方式相關講解

(2)實用語句組合法

(3)現場演講練習

・研修課程結業感想

有關商務場合中不可或缺的邏輯性說話方式，本次是我第一次參加這方面的研修，感覺獲益良多。

我從理論與實行雙方面，學習到何謂說話合乎邏輯，相信日後必能活用到本次所學。

不同於平常商務聯繫或討論的電子郵件，商務文件的內容往往會像上述般偏於制式。

不過你想想，若是主管看了這樣的內容做何感想呢？他不僅搞不清楚當事人參加了什麼樣的研修，連部屬的課後感想為何也全然不知，如此一來，主管根本無法給予考評。

當你擬寫商務場合中的書面文件，理應心裡有數必定受某人考評。而這些文件包括了平常的電子郵件、平時約略寫下的營業日誌，甚至是諸如此類的書面報告等。

其實，能力強的人相當了解這一點，因此，就算是內容簡單的聯絡信件也不會草草了事，反而會費心地以言簡意賅的方式清楚表達。

換言之，在公司提出這類被視為必要的**書面報告，正是表現自我的大好機會！**只要這麼想，自然能發覺應採用什麼樣的寫法。

事實上，在這類商務文件的「感想」中有兩大要領：具體性與客觀性。若要著重於具體性，可撰寫如下：

應用〈開宗明義型四句〉

研修課程結業感想

①結論	本次研修內容相當充實，我認為本公司全體年輕同仁都應該參加。
②根據1	光是聽了講解，就能明白在商務場合中說話合乎邏輯是何其重要，實在令我茅塞頓開。
③根據2	此外，我還掌握到利用框架來說話的訣竅，這是我之前光看書遲遲無法理解的部分，真是獲益匪淺。
④根據3	我認為實用語句組合方法的研修內容，可全盤運用於本公司的營業教育上，因此我打算在下次的會議中提出建議。

若對於研修採正面認同的態度，並想表達出個中優點，便會寫出談及研修核心內容的感想。同時，藉由列舉具體事項，有助將研修中領悟到的真實感想，轉化為文字清楚表達。

這才是閱讀者，也就是主管想看的內容。透過這份報告，主管想知道的絕非如流水帳或陳腔濫調的感想，而是部屬個人的想法。只要有這方面的自覺，就能如上述的例子般，以自身研修後的收穫或想法為主軸，架構報告的內容，進而大幅提升自我表現的程度。

另一個要領為客觀性，關於這個部分，我們先來看看以下範例吧。

應用〈基本布局型四句〉

①拋出問題	本次的研修，由包含我在內的三位同仁代表本營業部出席。
②表達意見	固然，我的確掌握了自己以前光看書遲遲無法理解的部分——利用框架說話的訣竅，不過我認為要立刻將此運用於職場上，

③展開論述

有所困難之處。

僅僅半天的練習，了解的程度並未深入到足以將此技巧傳授給部門其他同仁。

④結論

話說回來，既然希望培養年輕同仁具備這種技能，為何未讓全體人員一起參加？身為中堅幹部的我甚感不解。

針對被要求提出報告的事項，不能只論述個人感想，必須附加客觀性的觀點，諸如根據自己踏入社會已〇年的感想、對於公司提供同仁這類機會的看法、這次研修的價值與世間局勢相比將如何定論等觀點，為短短幾行的感想增添深度。

由於報告是寫給主管過目的，部屬總是忍不住扮演起「好孩子」，然而，如果能像上述例文，**以客觀的觀點加進身為公司一員的看法，將變成一份別具特色的報告**。

舉例而言，小學生的作文也以「好孩子」的立場居多。因為知道老師會審閱自己寫的文章，因此不禁在文中扮演起刻板印象中的「好孩子」，不用多說，這樣的文章必然是無聊至極。

因此，我一向指導大家「試著拐彎抹角地思考看看」。假設以「遠足」為題，全班同學於同一天、同一地點出發前往相同目的地，雖然大家沿途所見及體驗一致，但未必有相同感想和印象。

儘管如此，大家寫出的作文卻大同小異，這全是因為寫作者壓根沒打算去察覺不同於他人的任何事物。

所謂「拐彎抹角地思考」，就是**嘗試質疑理所當然之事**，全力發揮批判的精神。其實這個觀念，就是寫出一篇卓絕群倫文章的訣竅。想當然耳，申論文也是同樣的道理，以及商務場合中的書面報告亦是如此。

換言之，是要以具體資訊及想法尋求自我表現，還是運用客觀性的觀點讓閱讀者的眼睛為之一亮？只要於腦海中牢記這兩個要領，便能寫出不同於他人的商務文件。

✤「四句摘要」，說明複雜事件

在職場上，有時雖然已有制式格式，像是客訴報告、會議報告、事故報告等，但不能只單以原本的格式下筆。這類文件的擬寫內容會依個案而變，因此得視事件的重要及嚴重程度從頭撰寫。

尤其要注意的是，必須說明原委的客訴報告和事故報告。雖然寫成長篇大論會不易閱讀，但要把原委說明歸納成四句實在頗有難處。這種時候還是要以「何時、何處、何物（何人）、做了什麼、結果為何」的順序，一邊加入各項必要的資訊、一邊擬寫才是捷徑。

當發現自己的內容漸漸變得冗長時，不妨設法**針對每個原委列出標題，以「條列式」加以歸納**。

此外，建議大家可於書面報告的開端，加上說明全文內容的「四句摘要」。透過在報告的一開始就加入摘要，可讓閱讀報告者預測接下來的全文內容，讓報告變得容易讀取。此時，所要採用的模式，應以〈基本布局型四句〉為首選。

應用〈基本布局型四句〉

①拋出問題	有關荷普食品於三月二十日（五），提出本公司產品「哈布香腸」，漏印食用期限的客訴一事，謹此報告。
②表達意見	接到客訴並調查之後，結果確認為印刷機A故障導致漏印，目前正在進行維修中。
③展開論述	所幸於顧客購買前，及時發現漏印食用期限的商品，預計可於這兩天之內完成全數商品的回收。
④結論	明日下午，將親自前往荷普食品及其他各經銷商致歉。

遇到這種情況，必須寫出大略的原委和對策。雖然出了狀況，但已著手處理善後，以「劇本的形式」進行擬寫。

至於對方向公司提出客訴前的細節，以及身為現場負責人的賠罪之詞，只要於正文當中仔細交代即可。

最重要的是，並不是先寫出全文再歸納為「四句摘要」，而是先寫出四句摘要再填寫全文。

如此一來，將可一目瞭然地透視全文架構及重點強調方式等。即使是採用條列式的寫法，也能清楚預見項目明列的方式。其實，這種做法還能成為以邏輯性撰寫長文的訓練。

第4章

提升表達力、消化大量資訊，你得要——讀解力

精準表達力的關鍵——閱讀力

我曾寫過多本著作，第一本著作就是有關於申論題的應考教材，而且是在三天內便完成全書。結果這本書變成經典的長銷書，同時我開始著手一般書籍的寫作，其中有一本書大賣了兩百五十萬本以上，成為超級暢銷書。

之後，我寫書的主題更加多元，至今出版的著作已超過兩百本了。

不是我老王賣瓜，但我寫作的速度飛快，而閱讀的速度更快。雖然，目前沒有太多時間分配給閱讀，不過以前的我平均一天能讀一本以上的書，換言之，每年我讀了超過三百六十五本書。

因此，我認為自己寫作的速度能夠如此快速的原因，和過去閱讀大量書籍並非毫無關聯。

進一步的說，**所謂「讀」，就是「接收資訊」的動作**。

✤會「說」的人，一定懂得「讀」

我們每天都在閱讀著各種讀物，諸如專業書籍、小說、報紙的社論、週刊八卦、網路資訊、工作相關資料、商業電子郵件、私人電子郵件……其中，有艱澀的文章，也有閒話家常般的內容。

閱讀文章，就是要讀取創作者的主張。接收了對方所寫內容後，或許認同、或許反對、或許存疑，同時一邊與自己對話，深切思考。由於腦海中不斷反覆這樣的動作，因此閱讀書籍並非只是單純地獲取知識而已，還能培養思考的能力。可以說，當我們進行「寫」、「說」等表達時，閱讀將成為助力。

換言之，若要訓練表達能力，絕不可輕忽屬於接受資訊的「讀」。**表達能力和接收資訊的能力簡直宛若車子的兩顆輪胎，缺一不可**。

正因如此，我除了一再解釋「寫」、「說」的重要性外，同時主張「讀」的重要。然而，現在大家都漸漸變得不再閱讀，我所說的，並非單純意指接觸小說或實用書籍的機會減少而已。

舉例來說，以前想要查詢資料時，多半會前往圖書館和艱澀難懂的專業書籍纏鬥，藉由歸納重點、做筆記，設法理解其中內容。

不過時至今日，只要上網搜尋，大部分都能查明了解。就算只是粗淺理解，由於不算毫無幫助，往往能夠就此感到滿足。縱使忘了內容，應該也不會覺得困擾，反正只要再上網搜尋一下就行了。

世界趨向數位化，大家都因此而受惠。雖然這樣也不錯，不過若事逢萬一，最可靠的並非短暫記住的轉手資訊或言語，而是以自己的頭腦接收，並經過咀嚼消化的資訊及知識，希望大家千萬別忘了這一點。

❖改變閱讀瀏覽方式，提升理解力

事實上，聆聽他人所言如同閱讀文章一般，皆屬於接收資訊。能夠正確聽取對方所言之人，便可與對方產生共鳴，甚至攻擊內容中彼此矛盾之處，或是針對重點問題再發問。在理解對方發言的同時，讓自己更加深入思考。

換句話說，「讀」和「聽」在理解過程是十分類似的。因此，我認為「讀」就等同於「聽」。

許多人應該習慣每天上網瀏覽部落格或臉書（Facebook）。如同網路對於現代人來說是不可或缺的工具，同樣的，瀏覽部落格或網路文章也是無法省略的獲取資訊習慣。

我本身最常上網瀏覽的，多是與古典音樂相關的部落格。針對觀賞過的音樂會，上網了解他人有何感想，相當有趣。在瀏覽部落格的過程中，也能漸漸了解此人的音樂素養程度和經驗值。了解這些資訊後，最頻於點閱的，通常是能讓我感受到帶有部落客主觀性批評的部落格。

有些人就算喜歡的作曲家和指揮家與我雷同，但仍會寫出和我完全不同的感想。有時甚至寫出我未察覺的部分，或是讓我很想反嗆：「不是那樣吧？」的內容。此外，針對樂迷們皆大讚「太棒了！」的音樂會，若有部落客給予負評，將更令我感到興趣。

這時我的腦海中，往往會接二連三地浮現：「為什麼他會那樣認為？」、「關於那個觀點，很想再多了解一些。」等諸多疑問。

部落格文章不同於論述文或說明文，多半是以白話文來撰寫，正因如此，將清晰展現部落客個人的詮釋和偏好，這正成為「部落客主觀性批評」。我十分享受閱讀這個部分，這樣的動作就有如和部落客聊天、聽取他所說的話。

就像這樣，「聽取」部落客的立場和詮釋，與培養「讀取訊息」能力絕非毫無關聯。換言之，**只要具備閱讀及聆聽能力，就能從電子郵件或日常會話中，確切理解對方立場及想要表達的內容**。如此一來，自然就能觀察出該採用什麼樣的表達方式，打動對方的心。

接下來，我將列舉幾個例子，和各位談談提升表達技巧的閱讀及聆聽能力的培養方法，以及如何將其活用於知識學習與人際溝通上。

明明讀過，爲什麼腦中毫無記憶？

我相信，常有人會覺得自己：「明明讀過為什麼記不住？」雖然不是從頭忘到尾，但是一旦被問：「那是什麼樣的內容呢？」卻完全想不起來，而無法善加說明。

這並非頭腦不好，而是閱讀方式不佳。

✜解讀文章有關鍵

人類通常是一邊抓重點，一邊進行理解。當耳聞眼見的內容順利地歸納於腦中時，就能變成知識和資訊保留下來。為此我們必須採取的動作，就是依照四句模式進行理解，並建立「檔案夾」保存腦海中。

請回想一下基本的四句模式。

〈基本布局型四句〉

①拋出問題；

②表達意見；

③展開論述；

④結論。

如同我前文所述，世上大部分的文章都屬於這種四句結構。開頭先拋出問題，接著以「固然……不過……」的句型展開已見的論述，最後導向結論。因此，當閱讀各種文章時，只要牢記四句結構，便能確實理解個中內容。

為何說四句結構是文章的基本呢？

其實，「書寫」等同於「思索」！舉例而言，原本思考「〇〇是××」，不過，隨之又想「不對，等等喔，或許有人會反駁說○○是△△」。於是，便開始思考如果是自己的話，將如何反駁。

所謂文章寫作，就是將陸續浮現於自己腦中的反對意見，透過思考、一一擊潰。一再反覆這段過程，深入論述，最後完成一篇文章或一種思想。

換言之，世上大部分的文章，都是為了反駁某事、提出己見而寫。所謂閱讀文章，完全只是要讀懂「這是一篇在反駁什麼的文章」。而這個反對意見的關鍵表述，就是所謂「固然……不過……」的句型。

只要了解這個架構，幾乎所有文章所要表達的內容，都能正確地讀取資訊。換句話說，讀解力的關鍵就存在於「固然……不過……」的句子中。

✤ 你真的讀懂對方的意思嗎？

然而，不常閱讀的人無法理解這個架構。在「固然」的層次裡，創作者寫出他人意見或號稱常識的內容，然後再佐以「固然那樣沒錯，不過我的看法如下……」來深入闡述。

結果，缺乏閱讀能力的人，往往會誤以為「固然」的部分，就是作者的主張。情況嚴重時，還可能把創作者開始論述己見的「不過……」，解讀成作者的「反對意見」。

由於缺乏閱讀能力者腦中並無文章的整體架構，就其看來，文中內容只是零散的存在，而無法解讀全貌。此時，若是看到自己和作者看法一致的內容，或是容易理解之事，便誤以為那是文章的主旨，冒然地做出反應。但事實上，往往那些只是作者的舉例或引述，其真正想要表達的意涵根本完全相反。

這簡直就像在胡亂瞎猜。明明整篇文章架構十分合乎邏輯，但閱讀者卻無法有條理地讀取資訊，造成無法思索、更無法吸收有益的知識。在這樣的狀態下，一旦被問到：「這篇文章寫了些什麼？」無法精準的回答，實屬理所當然。

✜用「感覺」來思考，無法深入閱讀

當我在大學講課和進行申論指導時，常接觸到自稱對於閱讀或寫作不拿手的年輕人，我發現他們都有一個很大的特徵。

那就是他們閱讀時毫無批判精神，完全不會想：「作者為何這麼說？」、「我從沒聽過那樣的意見，他的根據是什麼呢？」因此，當我一問：「關於○○，你的看法如何？」他們非但無法說出根據、原因，也舉不出自己為什麼那樣思考的理由。

打個比方來說，假設提問：「你對藝人從政有何看法？」面對這樣的議題，通常會提及政治理應如何、選舉應該怎樣、電視的影響有哪些等內容，將理想與現實相互比較，然後做出評斷，諸如：「就理想而言，政治理應……；不過，一旦從政的藝人變多，將會……。因此，這與原先的理想背道而馳，藝人從政相當不妥。」

又或者答道：「所謂政治，原本就理想而言理應……。基於此點，一旦從政的藝人變多，將會……。這相當貼近理想，因此藝人從政無妨。」

諸如此類以三段式論述來思考，引導出屬於自己的想法或答案。

其實，有不少人會在無意識中，利用這種三段式論述進行思考。不過，無法如此思考者，只能以「好？還是不好？」、「喜歡？還是討厭？」、「愉快？還是不愉快？」等感覺層面的思維，引導出回答。

如果無法在腦中形成「對立」的思維，只是單純以自己是否具有同感作為判斷重點，想要進一步以「……所以我反對」、「……因此應該接受」等說法舉出根據，當然十分困難。

大家絕對不可身陷凡事認為理所當然的思考層級，為了脫離這種思考，必須運用四句模式，培養出閱讀與思考能力。

✤懂得抓重點，才能正確記憶內容

接下來，我將一邊列舉範例，一邊詳細說明何謂「四句閱讀」。首先，請大家閱讀以下文章，並套用〈基本布局型四句〉的形式，嘗試歸納成四句。

〈文章1〉教育和飼育

針對「教育」及「飼育」，我們務必具備明辨二者邏輯性差異的能力。

兩者的確都是出自「教化」對方的意圖，而且以人爲對象的「教育」；和以牛、馬爲對象的「飼育」，或許就表面看來，彼此在做法上幾乎大同小異。不過我認爲，得就邏輯面明確區別兩者。

請試想以牛馬爲對象來飼養的狀況。首先，必須圈養小牛、小馬，悉心照顧牠們健康地成長。或許在這段期間，會一邊讓小牛、小馬跑跳嬉鬧，一邊評估這隻牛適合當肉牛、那匹馬適合當賽馬等。

接著，爲了充分強化提升牠們各自的特色，餵養成優質的肉牛或賽馬，漸漸地開始思考餵這種飼料、還是做這種運動吧……每天依計行事地過著規律的生活。

結果，明明牛馬自身並沒有打算成爲肉牛或賽馬，卻在健康、快樂、努力求生存的過程中，順利地被飼養成美味的松阪牛和賽馬。

想當然耳，當全數牛馬同時施以相同的飼育流程時，只要進行得愈順利，飼育就愈爲成功，愈受人評價爲完美出色的飼育。

請問，這種「飼育」和我們的「教育」工作，有哪裡不同呢？

本文摘自村井實《孩子的全新發現　新・教育學建言》（暫譯，一九八八）小學館

在第一個段落屬於拋出問題。我們應該釐清「教育」和「飼育」的差異，便是這段文章的主旨。

接著，以「兩者的確都是……」開頭的段落，最後一句出現了「不過我認為，得就邏輯面明確區別兩者。」。這個「不過」所反駁的對象，是其前面所寫的內容。雖然，第二段一開頭省略了「固然」一詞，但這段正是採用了「固然……不過……」的句型架構來表達意見。

到了第三段展開論述的部分，提及飼育牛馬究竟是怎麼一回事。藉由寫道：「結果，明明牛馬自身並沒有打算成為肉牛或賽馬，卻在健康、快樂、努力求生

存的過程中，順利地被飼養成美味的松阪牛和賽馬」，講述自主性未受重視的狀況。其實，這才是這篇文章的主旨，意指這種自主性，正是「教育」與「飼育」的差異之處。

最後，雖然文章採用反問句型：「有哪裡不同呢？」但無須贅言，這就是在論述結論「強化提升各自特色時，教育會重視自主性，而飼育則予以忽略」。

若試著以四句加以歸納，將會變成以下內容：

①拋出問題

教育和飼育的差異，應加以釐清。

②表達意見

雖然，教育和飼育的確都是希望教化對方，但兩者顯然不同。

③展開論述

或許教育和飼育都十分重視特色，但飼育並非協助馬牛成爲牠們想變成的模樣。

④結論

強化提升各自特色時，教育會重視自主性，而飼育則會予以忽略。

如果能將所讀內容摘要至上述程度，不會在讀完文章後，還感到困惑「到底是針對什麼事寫的啊？」而且，由於四句為人類思考的最小單位，只要以此形式輸入腦中，不僅易於保留記憶，也能隨時取用。當然不易發生「明明仔細讀過，可是一旦遭人詢問內容，卻又答不出來」這類狀況。

大部分的論述文都能如此一般，利用四句進行歸納。即使讀完比上述文章更長的論述文，每個章節段落同樣也是採用先針對某事拋出問題，然後再對此表達意見並展開論述，最後則導向結論的架構。

提升讀解力？打開大腦「抽象化檔案夾」

請大家再看一次剛才舉例的文章——〈教育和飼育〉。這篇文章最重要的部分，就是「明明牛馬自身並沒有打算成為肉牛或賽馬，卻被人擅自決定這隻牛適合當肉牛，那匹馬適合當賽馬，然後以此為目標進行飼養」，藉此強調「自主性」的重要。

不過，文中卻完全沒出現自主性這三個字。

因此，當缺乏「讀解力」的人看了這篇文章，若被問到：「教育和飼育有何不同？」

恐怕會胡亂瞎猜且不明就裡地回答：「教育會重視特色，飼育則不然。」也就是被第四段一開始的「為了充分強化提升牠們各自的特色」所誤導。

不過，問題並不在文章上，文中已清楚明白寫出「飼養也會重視特色」，然而閱讀文章的人卻沒有看懂意思。

❖「具體」事例後的「抽象」概念，你抓到了嗎？

缺乏讀解力的人，無法理解所謂「評估這隻牛適合當肉牛，那匹馬適合當賽馬」，寫的就是「特色」之意。同樣的道理，他們也未察覺所謂「明明牛馬自身並沒有打算成為肉牛或賽馬，但卻未想過牠們的感受」，個中意涵就是在論述「自主性」。

換句話說，他們無法將文中出現的**具體詞句加以抽象化**。

所謂文章，就是為求表述某種抽象的思想而寫。為了說明那個抽象的思想，往往會列舉許多例子。以這篇文章來說，第三段的前半部就是這種狀況，然而，應該記進腦中的並非這些例子，而是這些例子背後所講述的抽象內容。

聰明人就算忘了具體的例子，仍會記得抽象的部分，因此能夠確切回答出：

「這本書中寫了這樣的內容喔……。」反之，缺乏讀解力的人只會記得具體的事例，至於文章中藏了什麼意涵卻無法理解。

✤閱讀經過思考，才能牢記

閱讀文章或聆聽他人所言時，最重要的就是將內容和言中之意加以抽象化的能力。我想大家應該都已了解，針對於此所要採用的方法就是「四句結構」。

在閱讀時，只要牢記「四句結構」，將比較容易建立抽象化檔案夾，而且只要以這樣的狀態輸入腦中，就能隨時取用個中資訊。如此一來，無論是將此資訊寫成文章進行表達，或是說給別人聽，都會變得相當簡單容易。

換言之，所謂在腦中加以抽象化，就是傳遞資訊時相當重要的能力。而為此要做的訓練，即為閱讀文章後建立「抽象化檔案夾」。

接下來，請大家閱讀下篇文章範例，試著歸納成四句結構。

〈文章2〉人際溝通

當今年輕人「讀解力」不足的情況愈趨嚴重，甚至連報紙新聞都無法充分理解的學生不在少數。

爲什麼會發生這樣的狀況呢？雖然，或許與寬鬆教育的盛行有所關聯，但我認爲資訊化才是更關鍵的原因。

過去普遍認爲只要資訊化進步，人際溝通將更加拓展，可與各種不同價值觀的人相互交流。然而，實際上卻是只和具有相同價值觀的人交流溝通，至於另有想法的人則無意與其往來。

鞏固關係的對象並非眼前之人，而是身在遠方意氣相投的人；手機聯絡也只和好交情的朋友聊個不停，盡說些不著邊際的話。

所謂人際溝通，應該去接觸價值觀不同者，追求相互了解，時而發生摩擦、對立、妥協、交涉之後才算數。不過，現在的孩子們根本無意如此，打從一開始，他們便將其他價值觀拒於門外。

基於此故，他們不願傾聽與自己價值觀相異者所言，反而將自己關在狹小的世界中，不具廣闊的視野，也不打算與他人溝通。他們無法理解和自己想法不同者，而且對於他人的想法也缺乏好奇心。

在第一、二段當中，你可以清楚看出作者認為當今年輕人「讀解力」不足，恐怕是資訊化所造成，因此這個部分屬於「拋出問題」。

①拋出問題

讀解力不足的原因爲資訊化。

而觀察第三段的起頭方式，將明白內文正在闡述資訊化與人際溝通間的關聯性。第二行以「然而……」繼續陳述，看出此處將要展開某種論述。其實，理應出現於一開頭的「固然……」，在此被省略了。

②表達意見

固然過去普遍認爲只要資訊化進步，人際溝通將更加拓展；然而，事實上卻是只和具有相同價值觀的人進行交流溝通。

諸如此般地表達意見後，接著於下一段展開論述。

③展開論述

所謂人際溝通，應去接觸價值觀不同之人，追求相互了解。

文章到此告一段落，這就是我想說的……。

④結論

（刻意省略）

該文章作者採用此種模式撰寫，刻意省略他想提出的結論：「基於此故，認同多種價值觀，將有助提升讀解力。」事實上，諸如本篇文章範例刻意不寫出結論，或是任由讀者解讀作為結尾的文章並不在少數。

然而，只要套用四句模式閱讀，便可理解這篇文章想要表達的就是「多元價值觀的重要性」，進而讓讀者建立抽象化的檔案夾歸檔於腦中。

讀完文章並不代表就能全數牢記，而是因為閱讀後經過思考，才能吸收。並且進一步地將此記憶當作資訊或知識，加以傳遞。藉由一邊探尋「這位作者的主張是○○吧？」一邊閱讀，如此思考下便不致忽略作者藏於文中的「真意」，繼續讀取資訊。

高效閱讀——樋口式「斜向閱讀法」

資訊爆炸的現今，我們如何閱讀大量資訊、加以理解，並將這些資訊活用於商務場合或人際關係上？首要條件必須做到**高效閱讀**！或許是因此之故，大家對於速讀技巧的關注已歷時長久。多數人都希望無須費時費工，就能獲得豐富的資訊。

想當然耳，針對必須閱讀大量書籍或訊息的狀況，速讀技巧相當受用。有不少人透過五分鐘讀完一本書的訓練及技巧，享受到閱讀更多書籍的樂趣，以及更加充實人生。

儘管如此，就我個人而言，我比較希望不是片面接收書中的內容，而是能多進行一些知性層面的感悟。並非一味地對於書上所言全盤接收，而是想要活化頭腦、和書本對話，進而整理出自己的想法。只有先做到這個部分，再盡可能加速閱讀。

✤消化資訊，你得懂什麼時候速讀、慢讀

有不少人認為所謂「閱讀」，只需重視正確讀取每字每句的細膩感，尤其是日本的語文教育，向來只著重於正確讀取。在課堂上，完全不詢問學生從文章中讀到了什麼，或是針對某一點有何想法。

但這樣的做法，無法培養出真正的讀解力。雖然並非所有書籍皆然，但與正確讀取相比，**從中找出自己受用的部分，接觸各種想法並獲得刺激，才是最重要的事**。

因此，我想推薦的是「斜向閱讀法」。

這種方法並不是把文章從頭到尾逐字逐句地仔細讀完，而是去理解內容的全貌。

方法大略可分成兩個要領。

首先，**原則上已知的內容略過不看**。舉凡你已經能夠想像作者的內容為何，或是已經知道作者所舉的例子等資訊，針對這些內容，只要快速瀏覽一下，就可以繼續往下讀。

其次，**難懂的部分留意細讀**。反言之，當你感覺到：「咦？這是在說什麼啊？」而暫停目光和意識時，就是我所說的「難懂部分」，而這個部分多半屬於〈基本布局型四句〉的「表達意見」和「展開論述」。

✤尋找關鍵字提升閱讀速度

先舉個例子說明吧！下述文章為《朝日新聞》〈天聲人語〉（朝日早報的長期連載專欄），請大家試著閱讀看看。

〈文章3〉天聲人語　面對失智症

民營鐵路車站的手扶梯上有對母子，兒子一眼瞧見有個異物從母親的後口袋露了出來。「妳爲什麼把電視遙控器帶出門了？」

母親說了一句：「眞是的，怎麼會這樣。」責怪起把電視遙控器帶在身上的自己。這種任何人都曾發生過的「一不小心」，多半被當成笑話一笑置之。

然而，這恐怕不是粗心大意，而是即將長期對抗病魔的徵兆。

冰箱裡曾有數次放著空碗盤……群馬縣議員大澤幸一先生（六十六歲），因此在六年前確信太太正子女士（六十歲）舉止異常，她罹患了早發性阿茲海默症。

之前，我在橫濱市一場失智症照護的講座場合遇到了大澤先生，那是生命倫理學會所舉辦的公開活動。當時他在講台上說道：「爲了不讓我們兩人雙雙倒下，我總是拿『笑藥』給我太太吃。」這句話令我印象深刻。

就寢前，只要妻子對著逗她開心的丈夫露出笑臉，兩人都能一夜好眠。光憑妻子的反應也能知道病情的進展。此外，還要以不生氣、不說不行、不強迫這三大原則來自我約束，任何人都不能傷害至愛之人的尊嚴。

失智症往往被認爲是人格崩潰，最後終將變成空殼。不過，策畫這場講座的內科醫生箕岡眞子女士則表示：「希望大家能走出空殼論的概念，不要將失智症患者當成病人，而是當成一般正常人來看待。雖然他們已不同以往，但希望讓他們仍擁有感受及欲望。」

希望大家把失智症患者看成人格並未喪失，只是隱藏起來，甚至有人說他們的情緒反而更加敏感了。藉由將倫理與感同身受的觀念納入長照技術中，或許能讓患者與其家人稍微保有「人生的品質」吧，這是高齡化社會必須深入探討的沉重課題。

摘自《朝日新聞》（二〇〇九年十一月十八日）早報

這篇文章從某對母子的故事開始寫起，第四段的最後出現了「早發性阿茲海默症」一詞，由此得以預測這可能就是此文的關鍵字。

如果於第五段一開始，嘗試著加句「話說回來……」，就能明白第五、六段準備繼續舉例說明。

接著，到了第七段出現了「不過」一詞，表示即將針對某事提出反駁。若思考著：「作者想要反駁什麼呢？」便可發現此段開端省略了「固然」一詞，如此一來，則可看懂作者的意見為：「雖然，失智症往往被認為是人格崩潰，最後變成空殼，但就失智症的照顧而言，不要將失智症患者當成病人，而是當成一般正常人來看待，這是相當必要的」。

最後一段則將「展開論述」與「結論」合併陳述。

〈天聲人語〉專欄中，如同上述文章，在一開始的「拋出問題」部分，以較長篇幅來舉例的文章不少。而在該篇文章當中，同時介紹了許多事例。不過，作者想要表達的含意並不是那些例子，而是輕描淡寫地寫在例子之後那一、兩行的「表達意見」。

說得誇張一些，當你快速瀏覽了〈天聲人語〉一開始的長篇事例後，**從中找到關鍵字，接下來只要採用「斜向閱讀」**，看懂出現於後半段的「表達意見」

中，所表述的主張即可。

如同〈天聲人語〉這般鋪陳較長的文章，主要以短篇論述文或散文較多。若要逐字逐句地正確讀取這類文章，就算時間再多也不夠用。不過，只要學會了「斜向閱讀法」，便能培養出高效閱讀的能力。

這樣讀，不再害怕難懂資訊與文章

想要藉由「讀」提升接收資訊的能力，並且有效運用在「寫」、「說」的表達上時，必須閱讀各類文章，並且充分理解個中內容才行。即使是乍看感覺艱澀難懂的文章，只要學會以四句模式拆解閱讀的訣竅，就沒什麼好怕的。

❖複雜的工作資料，不再拖延

接著，我想請大家閱讀以下這篇文章，這是二〇〇〇年度早稻田大學法學部用來考申論題的題目。

〈文章4〉日本文化的雜種性

戰後日本「民主化」的過程，並不能簡單地說成是戰時民族主義的相反面。若說是掌權者的強制之舉，實爲草率的見解。至少，占領軍的掌權者是強制戰後不久的日本統治階級實施民主主義，而非強制民眾。因爲強制民眾實施民眾的權利，根本毫無意義可言。

然而，戰爭期間的權力者並沒有強制統治階級進行違反其意志之事，而是強制民眾拋棄其當有的權利，這就是戰時和戰後兩種掌權者本質上的差異。不過，若以民眾的主觀意志來看，這未必意味著他們抗拒戰爭，積極走向民主主義。我認爲，事實並非如此。

戰爭期間，至少開戰初期，不少民眾自願接受了戰爭的意識形態，其主觀意志並未感受到強制。不過，就採行強制的一方來說，所謂主觀意志未受到強制，充其量不過是強制的手腕相當高明罷了。不能說因爲欺騙得十分巧妙，就不算欺騙。

戰後的民主主義並非一場騙局，而是讓民眾有所醒悟。但這不同於欺騙，經由事件獲得醒悟的民眾成爲主體。因此與其說是外來強權讓民眾醒悟了，還不如說是外來強權間接促成這件事，較能把事情的本質說明清楚。

總而言之，民主主義是受到民眾自發性地支持，此與用來宣傳戰爭的民族主義完全是兩回事。因此，最後會產生截然不同的結果也是必然。事實上，民眾的精神面因戰後民主主義而產生的部分變化，想必具有難以復舊的特質。

然而對於日本知識分子而言，這種說法或許不妥，但至少其中一部分的人在思考日本民主化問題時，傾向於一併參酌前述的歷史性觀點。如此一來，日本民主化將可喻爲實施於日本的近代市民社會建設。

所謂近代市民社會，具體來說，無非就是美國和西歐，也就是泛稱爲西洋的社會。因此民主化——近代市民社會的建設，或許就是在此意涵下，同時被視爲日本的西化，而封建日本與近代西洋的對比就隨之展開。

學者們說明著西洋的近代市民社會多麼合理、多麼適合人性；又評析日本的「近代」是遭受扭曲的「非典型產物」。而殘留於日本社會當中的封建性、前封建性，或是前近代性的事物何其之多。他們在剖析的同時，多少有些誇張，不僅過度歌頌西洋，也過度貶抑日本。至少就效果來說，他們形塑出這樣的印象。如果基於這樣的印象，而認爲西化日本爲當務之急，而且必須施行於一切事物之上的話，這種想法不就完全等同戰爭期間日本文化主義的相反面嗎？（中間省略）

我認爲這當中有兩層誤解。第一，日本社會的種種滯礙，並非全部起因於前近代性，反而多半是近代性使然。也就是說，原因出在社會的某個層面已發展到獨占資本主義的階段。更何況根本沒有所謂全部滯礙都來自於「日本式」這種蠢事。（中間省略）

理想的近代市民社會雖然不存在於日本，但卻存在於外國吧。這種觀念正是誤解之二，其中包含著對於西歐社會的錯誤認知。資本主義和議會制度，在英國已進步發展成一種「典型」，而在日本的發展歷史卻有所偏離，屬於被扭曲的產物。這種說法得是完全出自於客觀的分析才能成立。換言之，若「典型」、「扭曲」等措詞中沒有摻雜價值判斷，就沒什麼反駁的餘地。然而，這番話一旦從資本主義和議會制度的歷史發展，轉移到英國個人主義的確立，光靠客觀性資料進行客觀分析，應該很難說出個所以然吧。（中間省略）

對於這樣的近代主義會心生反彈，是理所當然之事。無論是近代主義還是國家主義，逃避正視日本文化爲雜種性的事實，且不願以此事實爲據，一心想從觀念上進行純粹化運動，就像斬草不除根一般。其中的動機，是出於對純粹性的自卑感。一切都始自於自卑，因而無法掌握眞正的問題所在。

眞正的問題，應當是認同文化雜種性的積極意涵，並直接加以活用，期待會帶來什麼樣的可能性吧！

摘自《加藤周一著作集》第七集　平凡社（一九七九；※部分文章內容省略）

一開頭便「拋出問題」，表述主旨：「戰後民主化的過程並非掌權者的強制之舉」。

接著為「表達意見」：「至少占領軍的掌權者……」。看了這個部分，可發現「然而，戰爭期間的……」之後，連續出現好幾次「不過……」，簡直就是「固然……不過……」句型的全面動員。

這時候，只要想成作者是藉由「不過」一詞，列舉大量事例即可。因此，如果逐字細讀「不過……」的內容，恐怕讀到一半便忽略了此文真正想表達的意涵。基於此故，**在進行快速瀏覽，並同步思考這篇文章在反駁什麼，才是比較重要的**。

這篇文章所反駁的意見為：「戰後的民主主義，完全是遭受掌權者（美國）強制而為，並非自己建構而成。因為日本屬於封建制，所以並不適於民主主義。正如同戰爭期間被掌權者鼓動而高喊支持戰爭一般，而今只是為了民主主義在吵吵鬧鬧。日本要邁向民主化，首先得西化日本才行」。

一言蔽之就是：「日本文化並不適於民主主義，只要沒有從根本面改變日本文化，就無法實現民主主義」。

文章作者則反對這樣的看法，因此在「表達意見」的部分，主張：「固然戰後的民主化過程曾遭受掌權者的強制逼迫，但為了留住民主主義，此為必要的做法」。

接下來的段落為「展開論述」——「然而對於日本的知識分子來說……」在此闡述了：「所謂日本為封建制且無法接納民主主義，應先接受西洋的近代化思想；或是認為日本凡事不如人等想法，都是不正確的。不該將日本視為資本主義發展有所扭曲的國家」。

最後的「結論」，則是由「對於這樣的近代主義……」開始。對「日本文化並不適於民主主義」的看法提出反駁，然後以「雖然日本文化為雜種性，但不如以正面積極的心態思考，一邊活用日本文化、一邊實施民主化」進行陳述，結束整篇文章。

若試著將此文章以「四句結構」歸納，將變成以下內容：

①拋出問題

戰後民主化的過程並非掌權者的強制之舉。

②表達意見

固然戰後的民主化過程曾遭受來自掌權者的強制逼迫，但爲了留住民主主義，此爲必要的做法。

③展開論述

所謂日本爲封建制且無法接納民主主義，應先接受西洋的近代化思想；或是認爲日本凡事不如人，將日本視爲資本主義發展有所扭曲的國家等想法，都是不正確的。

④結論

雖然日本文化爲雜種性，但還不如以正面積極的心態思考，將可一邊活用日本文化，一邊實施民主化。

若要擬寫這類申論題或發表自我意見，得先針對文中的主張，思考自己的立場是贊成還是反對。若持贊成立場，則可展開論述如下：

日本文化中，固然存在著重男輕女等阻礙民主主義的要素，不過，應可將性質改變成帶有日式風格，藉此建構出全新的民主主義。這種日式民主主義，或說是日式歐美思想，極可能成爲世界願意接納的歐美思想典範。

亞洲諸國中，日本對於歐美思想照單全收的程度甚大。正因爲日式歐美思想深受集體主義影響，所以將來擴及世界、至少擴及亞洲的可能性相當大。也因爲這是經由日本改變後的思想，極有可能成爲通行世界的思想。基於此故，針對日本文化的雜種性，應該正視其無限可能。

此外，若持反對立場的話，則可論述如下：

固然日本文化的雜種性有許多益處，不過不該予以肯定。由於日本具有集體主義的傾向，因此民主主義永遠無法埋根。

此外日本自我意識淡泊，個人往往遭受壓迫，以至於無法培養明確表達己見，據理力爭的態度。爲了在國際社會中求生存，雜種性實在不妥，基於此故，不該對雜種性表示肯定。

一般來說，申論考試的題目多為：「請閱讀後述文章，並評論作者在文中所述的看法。於一千兩百字以內，寫下你對於日本民主化與文化的自身見解」。雖然題目規定要寫出三張原稿紙的篇幅，但只要如前述般以四句結構歸納，想將作答「增量」至一千兩百字並非難事。

或許在商務工作或私人生活中，沒什麼機會閱讀艱澀難懂的文章，並將內容整理歸納成論文一般。但如果能學會這種方式，讀解力將大幅提升。

對於略為艱澀的工作相關資料，雖然總是忍不住先暫擱一旁，不過活用此套方法後，將能毫無所懼地勇於面對。

✤各種〈基本布局型四句〉變形

在上篇文章範例中，如果被一再出現的「不過……」牽著鼻子走，將無法合乎邏輯地讀取本文。如同這篇文章的形式，〈基本布局型四句〉也有各種變形。只要牢記這個要點，便可輕鬆閱讀文章，接下來就為各位介紹。

【變形1】不以拋出問題起頭，而是先表述主張

一開始不以疑問句拋出問題，而是直接了當地表述結論。只不過，這同樣是為了驗證開端所述主張而寫，因此可算是拋出問題的一種。

【變形2】沒有「固然」

雖然，基本句型先以「固然」參酌反對意見，再表達自己的看法，但其實並未參酌反對意見的情形也不少。我們必須思考創作者究竟在反駁什麼。

【變形3】反覆出現「固然」

諸如「固然有……的反對說法，此外，固然也有……的反對說法吧？」一邊不斷提及「假想敵」、並逐一解決，一邊展開論述。若是「固然」接連出現時，只要心想「舉了好多例子喔」，然後繼續閱讀下去即可。

【變形4】留意「固然……不過……」的其他句型

並不是所有文章都以「固然……不過……」的句型，進行表示反對意見和自我主張，有時也會出現其他句型。想當然耳，用法全都一樣。因此，只要牢記以下這些句型，在「斜向閱讀法」時將大有幫助。

- 「當然……但是……」
- 「是有……的人沒錯，不過……」
- 「……相當普遍，但是……」
- 「雖然是……，不過……」

- 「……雖是事實，但卻……」
- 「一方面是……，另一方面則是……」

【變形5】鋪陳較長

在文章的核心部分出現前，先詳細說明自己為何抱持那樣的疑問，或是列舉一些故事。這類文章多半具有散文風格，像是前文所提的〈天聲人語〉即為此種文型。

【變形6】最後還有附加部分

文章的最後未必是「結論」，換言之，有些文章會以有如「註記」的形式，附加寫出與前文所述毫不相干的補充內容。

無論是哪一種變形，確實區分著作者想表達的內容，以及文章作者所持的反對意見，屬於基本的讀解。只要明白文章的閱讀方式，培養出高超「讀解力」，將可強化包含聆聽力在內的「接收訊息能力」。而這些能力將以幕後功臣之姿，於「寫」、「說」等傳達訊息之際，大放異彩。

第5章

難纏對手、分心離題，輔助句、話梗法，輕鬆化身說服高手

話說愈短，愈能清楚表達

想必有不少人都曾被交談對象問過：「那麼，你究竟想說什麼？」

就自己的立場而言，其實是為了向對方確切表達要說的內容，才說得相當仔細，來龍去脈交代得十分清楚。不僅慎選詞句，也花了許多時間，結果過程中對方卻露出不悅且煩躁的表情。

如果是私人場合，或許對方會提醒一聲：「說得再清楚簡要一些啦！」這才發現自己的溝通方法欠妥。而在商務場合中，有時也會因此被主管提點：「給我說得簡短扼要一點！」才會予以改善。

不過，如果交談的對象為後輩或廠商，他們不會如此直接了當地提出指摘，而是滿臉笑容地豎耳傾聽，有時還會一副深感認同地說著：「喔！」、「原來如此。」內心卻訝異著：「完全不知道對方在說什麼！」只要自己沒察覺到溝通方法錯誤，將會不斷地遭到對方輕忽，在職場及商務交流上，務必排除這種狀況。

想當然耳，最好能在友人、熟人、主管開口問道：「那麼，你究竟想說什麼？」之前，就擺脫錯誤的說話方式。

那麼，讓對方感到煩躁，或是無法順利讓對方了解訊息的原因究竟為何？主要的原因就是——話說得又臭又長。

✤人聆聽的專注力只有二十秒

大部分的人都認為，簡短的說明無法令對方完全理解。因此，愈想要向對方確切表達，就愈會東湊西補地加上各種資訊，認為姑且先詳細地丟出一些沒必要的事項才對。

然而，事實剛好相反！為了讓自己所言變得更容易傳達給對方，必須進行簡短歸納。

只不過，所謂的「簡短」定義，可說是相當曖昧。

若要把文章寫得簡短一些，可利用「字數」作為基準輕鬆設定；如果是寫電子郵件或商業文件，因為記住了電腦設定為一行幾字，因此能直接目視確認「簡短程度」。

不過，對話沒有辦法利用這樣的字數基準。既然如此，或許能以時間為參考依據。雖然，溝通專家能預估出「剛才以〇秒說了約〇字」，但對於外行人而言，要做出這種預估實屬難事。

此外，當要求每人進行三分鐘談話時，或許有人覺得時間並不長吧。因此對於時間感究竟是短是長，感受會因人而異。

為求簡短歸納所言精準表達，這時候可派上用場的就是四句模式。

✜請託、難開口的事，這樣講

〈基本布局型四句〉：①拋出問題、②表達意見、③展開論述、④結論。
〈開宗明義型四句〉：①結論、②根據1、③根據2、④根據3。
〈據理力爭型四句〉：①根據1、②根據2、③根據3、④結論。
〈故事鋪陳型四句〉：①動機、②故事、③高潮、④總結。

如同書寫文字進行表達一般，說話時也可利用上述這些模式達成簡短歸納，提升溝通成效。

首先，我們想像一下在商務場合中進行報告，或溝通聯絡時的情境吧。

許多人在針對難以啟齒的內容時，往往忍不住先展開冗長的鋪陳：「其實……」、「事出突然，非常抱歉……」、「基於諸多因素……」正當你興致勃勃地說著開場詞時，對方已經不想再聽下去了。

舉例而言，當你想和主管改約討論工作的時間，若採用〈基本布局型四句〉的模式，將變成以下內容：

應用〈基本布局型四句〉

①**拋出問題**	關於和P公司開會一事，
②**表達意見**	剛才對方通知簡報的日期提前了，我覺得必須改變策略。
③**展開論述**	因此，下週的會議可以改到明天嗎？
④**結論**	下午的話，我任何時間都可以。

只要活用四句模式，這樣的說法任何人都會。

此外，就算必須說得「簡短」一些，畢竟是要拜託他人，如果只唐突地表示「開會時間請改成明天」，對方想必會大吃一驚，感受不佳地覺得「搞什麼嘛，這麼突然！」**所謂「簡短表達」，並不是單純地少說幾句話就行了**。

如果能像上例一般，清楚表明「為什麼必須改時間」。即使只是簡短幾句，仍能讓對方了解原委。如同以書面向對方表達一般，只要說話符合邏輯，個中所言將變得易於讓對方理解。

假設一口氣說完這四句，花的時間大約十秒多，若在這樣的時間內，對方肯定願意安靜聆聽。

多數人願意停下聆聽別人所言的時間，估計頂多二十秒吧，如果超過二十秒，聆聽者會漸感不耐，而且變得想要開口插話。可以說，「四段構成」是為了在對方願意傾聽的時間內，把訊息全部說完的方法。

我在第二章曾說明：「將自己想表達的內容，以四句結構歸納成簡短但確實的資訊。因為被濃縮歸納成檔案夾，會變得易於留在對方腦海中。」其實說話方式亦然。換言之，只要學會依循四大「四句模式」溝通，不僅能毫無遺漏地表達己見，還能做到聰明的說話方式。

離題、辯駁……堅定立場的表述法

要透過書面向對方進行表達時，只要牢記四句結構，將可避免不知如何起頭，或是寫到一半偏離主題的狀況。

就腦部運作來看，「寫」和「說」基本上可視為相同，因此如果對話場合也能運用四句模式，就不會顯得拖泥帶水或草草了事。而且會針對每個場合，選用最適當的模式來架構對話內容。

不過，「寫」和「說」之間存在極大的差異，那就是——談話時，對方就在自己眼前。

有時對方會中途打斷你的發言，或是突然把話題扯往別處。諸如此類的狀況，勢必發生在各種對話場合中。若是透過書面溝通，可獨自一再斟酌推敲，將自己想說的內容片面地向對方表達，但談話溝通卻無法如此。

✤長話「短說」的難度最高

比起「寫」和「讀」，**在面對面對話時，長話短說的難度可說更高**。

舉例而言，有時我們雖然已預先想好要表達的內容，可是一旦開口說話，卻無法順利脫口而出。因此造成有些人開始苦惱「自己就是口才不佳，沒辦法……」。其實他們的說話方式，具有以下幾種特徵。

首先，剛開口便不知所云。

比方說想告知同事：「我們部門的會議實在太多了，固然透過會議讓公司同仁共享資訊十分重要，不過，即使沒有特別需要討論的議題也要開會，就太浪費時間了，不是嗎！要不要試著向課長提議，以後不要開這種例會，而是舉辦諸如企劃會或促銷會議等，讓會議的目的更加明確。至於其他細部資訊的交流，就由個人各自處理就行了。」

這時候，最想要向同事表達的部分應該是：「要求課長取消例會，改成企劃會或促銷會議等具有具體目的等會議」提議。明明這才是重點，結果卻說成：「下週要開例會對吧？一天到晚在開會，煩死了……。」

對方或許以為你只是發發牢騷，答腔回應：「就是說嘛，我們公司應該撐不了多久了，不過現在的時勢想換工作也很難呀……。」

雖然，自己內心想著：「不對不對，我不是想要和你討論公司的將來，或是換工作的事啦！」但卻無法在過程中導正話題，於是回應了一聲：「就是啊！」結果整個午餐時間就你一言我一句地發起牢騷來。

此外，有些人一旦直接面對溝通對象，便會不禁有所顧忌，想說的內容變得閃爍模糊。「下週又要開例會了對吧？我們這個部門，會議是不是太多了一點呀？」

就像這樣，雖然以自己想說的議題開頭了，但若對方未與自己的立場一致時，「M公司的會議好像比我們還多唷！正因為課長知道這件事，所以他不會輕易改變現狀的。畢竟，M公司的後藤課長和我們課長從大學時期開始，彼此就是競爭對手呢。」

此時就算自己心裡覺得：「把私人交情好壞牽扯到公事中，未免太奇怪了吧？」也無法暢快地一吐真言。

又或者對方表達出不認同的意見：「會嗎？我倒是覺得例會挺重要的呢！」自己只能摸摸鼻子、附和一聲：「說的也是。」然後就此打退堂鼓。

無論是哪一種狀況，到最後都是被對方一言一語給牽著鼻子走。

❖不小心離題？「打掉重組」就好

遇到無法主導溝通狀況時，口才不佳的人會感到更加棘手。打個比方來說，若遇到下述案例，在講述自己的立場、話才說到一半時：

自己：「你不覺得我們這個部門的會議太多了嗎？」

同事：「眞的是這樣耶！」

自己：「雖然資訊共享非常重要，但爲了開會而開會根本毫無意義啊。」

同事：「挺浪費時間的。」

自己：「所以我認爲取消例會比較好。」

同事：「啊！說起例會，我聽到一個小道消息，下週好像變成只有我們兩個人開會耶，因爲課長去底特律出差了，既然如此……」

雖然，你真正想要談的主題是：「提議取消例會，依照不同目的舉辦企劃會或促銷會議等」，但才說到一半，就被人牽著鼻子走。

若遇到這種狀況，應該先打住不往下說。接下來，只要聆聽對方所言即可，接著再說：

自己：「原來要在底特律開分店的傳言是眞的。」

同事：「好像是這樣沒錯。」

自己：「那麼，課長應該會變得比較忙吧，不如我們來向他提議，有關開會的方式就交給我們來安排吧！」

同事：「不過要怎麼安排呢？」

自己：「不要開例會，而是舉辦如企劃會或促銷會議等，依照不同目的來召開會議。」

同事：「這個主意不錯耶！」

自己：「只要我們主動爭取，想必課長也會表示贊成。」

不妨像這樣重新架構「四句」，導向自己最想表達的結論。就算一旦離題，只要最後讓話題重回自己要表達的立場就行了。

牢記四句模式，縱然話題被別人扯遠，也不會感到焦急或想要放棄，反而能冷靜地繼續闡述，進而有邏輯、條理地表達自己想說的內容。換言之，用於對話的四句模式，可當成為求持續表述自己立場的最後手段。

以前，我曾稍微接觸過將棋，其實當中同樣具有「模式」，就是所謂的棋法。當自己快要狼狽失措之際，只要知道棋法，心中便十分篤定。號稱將棋高手者，應該是指那些無論局勢為何，都能布局成讓自己充滿勝算的人吧，而同樣的情形也見於溝通對話的立場中。

✥面對不斷反駁意見時，你得這樣說……

或許有人認為要一邊面對對方反應，一邊確認自己是否套用了四句模式表達，根本是不可能的事。如果四句模式、四段構成只是單純的說話技巧，或許真會如此。

而所謂的技巧，屬於臨機應變。諸如這種狀況下要這麼做，換成不同狀況則要那麼做，換言之就是以「對症下藥」的方式因應。雖然這種做法時而有效，但普遍來說不得效果。

不過，我所說的四句模式並非權宜一時的技巧，而是基本的思考方式。**藉由依循模式思考，將可發現自我主張的優點、缺點、矛盾點等，然後再由此更加深入地思考自己的主張及意見**。反覆進行這樣的思考方式，平時的想法將變得愈來愈具邏輯性，也能合乎條理及思緒清晰地進行書寫及發表。

一旦養成邏輯思考的習慣，無論是否與人面對面談話，任何時候都能運用發揮。

就如同我們一旦學會騎自行車，便再也不會忘記。或許初期得多吃點苦練習，但只要學會了，自然就能操控自如地騎乘自行車。與此同理，一旦養成了思考習慣，即使未刻意而為，也能合乎邏輯地進行思考。

如此一來，將可磨練出無論是當面或透過電話，皆能靈活運用四句模式精準表達己見的能力。

以說服的場合為例，假設父母反對自己和另一半結婚。這種時候更不能情緒化地加以反駁，而是要運用「四句」來冷靜說服父母。建議讀者不妨試著以後述的方式，練習說服父母看看。

比方說，如果父母表示：「縱使妳說他是個青年企業家，但我又不清楚他到底是做什麼的。」當父母對男友的職業起疑，即可利用「四段構成」說明男友的收入情況。

他的公司是業界相當矚目的進口公司唷！

雖然他的老家在鄉下開店做生意，不過他並沒有選擇繼承家業，而是克服就業困難，進入商社工作。

他活用當時的人脈，率先其他同期報到的同事自立門戶。才兩年時間，年營業額已經成長了三倍。

如果父母聽了這番話，又繼續批評：「我才不管他是從事進口業還是別的行業，瞧他的外表一副輕浮的樣子，我看不順眼。」接下來，便以個性上的優點來進攻。

固然他的外表看起來相當時髦，不過內在卻是保守到令人出乎意料之外。

他絕不是無理之人，反而相當體恤員工、有情有義，同業當中幾乎沒人說過他的壞話呢！

說完後，要是父母依然反對，可再針對諸如「體格強壯」、「善解人意的事例」等內容以四句表述，一一列舉自己選擇對方的根據。表達出自己已深思熟慮過，才做出這樣的決定，絕非一時的意亂情迷。

即使自己想表達的內容，因對方打岔或反駁而一度遭到擊潰，也要設法以四句重建。如此一來，將能保持冷靜，持續表述自己的立場。

「輔助句」，讓你報告、說服得心應手

頭腦不清楚的人說話時有個特徵，那就是想說的內容逐行在改變。原因有二，一是被對方扯離話題了；其二則是腦海中沒有歸納出中心思想。

如果想到什麼就說什麼，在談話過程中，自己會逐漸迷惘：「我想說的是什麼啊……」在這樣的狀況下，要是所謂談話對象的「敵人」在場，大腦更會亂成一團，結果自己帶給對方的印象就變成「真是個不知所云的人」、「和那個人談話真無聊」。

不過，只要在開口前先在腦中試想過一次，思緒將能確實整理歸納。

✤零秒思考——「3WHAT・3W・1H」口頭禪練習

我總是建議大家利用「口頭禪」，作為提升思考能力的訓練之一。舉例而言，當談起某個話題時，不妨試著說：「其實所謂……」。

如果主題為「教育」，就試著說句「其實所謂教育……」。如此一來，便可接著說出「就是教導培育」、「就是教導人們，引導他們成為所求之姿」……諸如此類明確定義出「教育」一詞。

此外，可以試著說句：「若說起以前，曾是……」，便可將視野拓寬至所談主題的歷史狀況，進而加以思考。

這些舉例，都是我所提倡──「3WHAT・3W・1H」中的部分想法。通常文章會被要求以5W1H來撰寫，於是我以5W1H作為參考想出這個溝通概念。只要將此概念當成思考模式牢記，除了能深入闡述，寫出的內容也將變得十分明確。

所謂的「3WHAT」即為：

「那是什麼？」──定義。

「發生什麼事？」——現象。

「為何發生那種結果？」——結果。

而「**3W**」即為：

WHY「為什麼會發生那種事？」——理由・根據。

WHEN「從何時開始變成那樣的？以前是怎樣的呢？」——歷史狀況。

WHERE「在哪裡發生那件事的？其他地方狀況如何？」——地理狀況。

最後的「**1H**」即為：

HOW「該怎麼處理為宜呢？」——對策。

實際試做看看將會明白，只要把這些句子變成口頭禪，表述的內容將不再閃爍模糊。這不僅能成為思考的訓練，還能練習精準表達。換句話說，為求言簡意賅地向對方表達己見，口頭禪可帶來相當的成效。

只要事先學會有助於歸納、順利談話的句子，萬一過程中一時語塞，這些句子將成為讓人內心篤定的得力助手。

✤報告長篇大論？你得先說「結論」

在商務場合中，往往被要求報告得簡潔扼要；或受主管叮囑：「拜託簡短一些喔！」應是家常便飯。這種時候，「從結論開始說起」已被視為溝通鐵則。

然而大部分的人，明明特地一開始便表明簡潔扼要的結論，接下來卻講出冗長無趣的藉口。

比方說，已說出結論：「要出給K公司的新商品，交貨將會延誤。」接著又表示：「實在很抱歉，都怪我督導不周。不過話說回來，由於今年六月K公司曾換過業務負責人，而他是臨時招募的人員，才剛剛被分派來此……」講了一長串的致歉之詞，接著說明來龍去脈。

情況嚴重的話，在說著藉口之際還會離題：「話說回來，K公司那個部門常有人事異動耶，而且……」內容漸漸五花八門。到最後只會落得這樣的形象：「這傢伙老愛長篇大論！」、「他究竟在報告些什麼呀？」

開會報告時，請試著使用〈開宗明義型四句〉進行。

〈開宗明義型四句〉：①結論、②根據1、③根據2、④根據3。

要出給K公司的新商品，交貨將會延誤。

先說出結論，然後在開始列舉根據之前，試著加上一句：「原因出在三件事情上」。

原因出在三件事，首先，本部門和對方尚未完成最終確認；其次是對方的業務負責人對此業務尚不熟悉，再者則是因我督導不周的結果。

套用這個模式，從結論到原因一口氣說完。

利用〈開宗明義型四句〉，便能把話說得簡短扼要又毫不遺漏。不過，藉由劈頭即聲明「原因出在三件事」，聆聽者還能做好心理準備「接下來要述說原因了」，甚至能防堵對方意圖打岔。

事實上，好處還不只這些。就算你不小心偏離了話題，只要對方是講求邏輯的人，便會接著提問：「那麼第二個原因呢？」換言之，一旦學會這些「輔助句」，不僅可成為銜接話語的句子。若說到一半扯離話題，也能自然地回歸原本的話題。

✤試著使用「總而言之」、「也有那方面的因素……」

「輔助句」不只這些而已，平常不自覺地掛在嘴上的「總而言之」，也是其中之一。

打個比方來說，假設談論的主題為「價值觀」，雖然自己想要闡述的方向為：「我們應該認同價值觀的多樣化。」但對方卻表示：「最近的年輕人，連價值觀三個字的意義為何都搞不清楚。」等言談，開始批評起年輕世代。

這時候，你可以試著帶入輔助句：「總而言之，正因為那樣的年輕人變多了，更該將教導價值觀多樣化的課程，編入研修內容當中。」

像這樣加以運用，以求能逕自將話題拉回自己這邊。

無法順利向對方表達，或是與對方話不投機，有時不能全歸咎於自己。其實有些狀況是因為對方的話又臭又長，導致自己被牽著鼻子走，無法好好歸納想說的話。

若要強行拉回話題，「也有那方面的因素……」這句話同樣好用。

假設對方表示：「多樣化價值觀的觀念，並非靠研修就能教導。」反駁了你的意見，對此，可以試著這樣說：「**我也有感覺到那樣的意見不少**，所以才更加認為應該將教導價值觀多樣化的課程，編入研修內容當中。」

利用輔助句連接，即使是對方的說法，也能轉為自己所言的伏筆善加利用。

或許感覺上有些強迫，不過只要懂得運用技巧把這些話題拉回自己立場，便能隨時回歸四段構成，繼續表述意見。

藉由這些方式，對方將不會察覺整個對話是由別人主導，反而覺得「這個人的說法相當聰明呢！」如此一來，對方將變得更願意傾聽自己所言，進而易於被說服。

難纏對手，抓緊他的「反應」、「把柄」

當必須提出無理的請求，或是認為溝通此事可能惹惱對方時，往往因不知如何啟齒而苦惱不已。或許大家會認為「如果寄電子郵件便能解決，就透過這個方式吧。」然而若採用書面溝通，將無法直接看到對方的反應。

對話無法靠自己一人進行，必定存在著對象，而這名對象可能改變自己言談的方向，因此必須全力設法將話題拉回自己的立場，關於這個部分我已於前文說明。不過若從反向思考，**我們同樣能夠利用對方的反應，將自己想表達的訊息巧妙地傳達出來**。

✤溝通時，不要錯失對方的「反應線索」

打個比方來說，假設你打算向主管申請有薪假。基於不得已的因素，這個週末想多休一天。你十分明白公司正值旺季，大家都非常忙碌，實在有點難休假，於是試著以下述說法提出請假要求：

「部長，我剛才已經提出了自己負責區域的營業報表。」

「相較於前期，本期業績成長，似乎沒有特別需要改善之處。」

「我負責的區域預定於下半週展開促銷活動，已著手準備中。」

針對自己目前份內的工作，刻意強調保證毫無差錯地進行中。一一陳述著自己得以申請有薪假的依據，最後，再提出最想表達的內容：

「因此下週一我有點事情，想請一天假……。」

這是採用〈據理力爭型四句〉①根據1、②根據2、③根據3、④結論的說話方式。這個方式，在對話上有時也能發揮極大的效果。

因為是先一一列舉根據進行表達，對於聽者而言，也能使其做好心理準備聽到最後的結論。一邊預測話中的邏輯，一邊豎耳傾聽。

只要提列的根據愈充分有理，便愈能讓對方覺得「如果是這樣的話，那只好聽你的了。」

只要能得到合乎邏輯的說明，一般人都會變得比較容易接受。

此外採用這種方式時，**還能一邊列舉根據，一邊觀察對方的反應**。要是說話的同時，深深感覺：「看來現在要一路講到結論的部分，恐怕不是很妙。」不妨模稜兩可地把話打住，然後暫時不提結論，而是思考一下其他的表述方式，或是再次伺機重提。

對話溝通很容易受到對方的情緒、感情、狀況影響，諸如「明明之前以這種方式來表達相當順利，這次卻行不通」的狀況在所難免。此外，有時同樣的說法對部長說得通，但卻被課長大吼著「閉嘴」。畢竟是面對面交談，因此影響的要素還增添了兩人是否個性相投。

既然如此，針對對話溝通的這種特性，就不要將其視為壞處，而是當成好處加以運用就行了。

在各種表達方式當中，一定能找到「對方喜好的模式」。

✤抓出對方話中「把柄」，順勢而為

由此看來，愈是得面對難纏對象時，愈該採取的策略就是充分利用對話具有的「流動性」和「曖昧性」，如此將更具成效。

所謂對話，就是如流水般地一句接著一句述說。明明剛才還在討論「電影的觀後感」，不知不覺中已談起「若出國旅遊想去哪裡」的話題。

各位或許有過這樣的經驗，自己五分鐘前才剛說過的話卻忘得一乾二淨。老實說，要一邊將來回對話記得一清二楚，一邊持續與人保持交談，根本是不可能的事。

於是，為了讓對話內容往利於自己的方面進展，當你認為逮到「把柄」時，試著說說看「誠如您所言……」。想當然耳，就會像下述這句仗恃著眾所皆知的權威人士發言：

「誠如○○部長所言，我也認爲要進行這項企劃案，時機還嫌早了一些。」

可將這種說法更進一步地加以活用。

若被人說了一句：「誠如您所言……」大部分的人都會認為「自己可能真的那樣說過」。此時，內心隨之動搖，想要宣稱「我才沒說過這樣的話」的自信將幻化於無形。

假設部長並未明言：「要進行這項企劃案，時機還嫌早了一些。」而是針對進行時機發表過什麼意見的話，也可善加運用如下：

「誠如○○部長所言，關於進行這項企劃案的時機，我認爲必須重新思考才行。」

雖然無法將他人表達贊成的部分，硬拗成反對。但這樣的運用方式，將可讓我們巧妙地向他人提出要求、加重說服效果。因此「誠如您所言……」也能當成「輔助句」運用。此外，使用該輔助句，也可將自己所知資訊當成眾所皆知的事實，傳達給對方。

唱獨角戲時，活用「話梗法」

我經常在各種演講場合中發表，而依邀講單位的不同，主題涵蓋了溝通、寫作、總體教育、音樂相關等林林總總的題目。

無論哪方面的演講都一樣，絕不可能全場聽眾都專注地從頭聽到尾，肯定有人聽到一半便露出百無聊賴的表情或態度，甚至還有人打瞌睡。

一旦發現聽眾席中有這樣的人，往往忍不住想：「我說的內容是不是太無趣？」突然就此信心全失，萬一情緒跟著低落可就不妙了。基於此故，若要撐住一至一個半小時的「獨角戲」，必須對說話方式下點工夫。

✤說話要有「梗」，吸引注意力

面對發表、演講時的獨角戲時，我的第一步是——**將演講內容全部化為四段構成**。

舉例來說，當演講主題為「充滿智慧的說話方式」時。開場為理論篇：「何謂充滿智慧的說話方式」；其次：「充滿智慧的說話方式實戰技巧」；第三段則是：「為求能言善道的注意事項」；最後再以今後應有的決心作為結尾，有時還會安排現場提問。

不過光憑如此，這樣做還是難以取悅聽眾，或是吸引聽眾的興趣。這時候，**我會在各個段落準備一些「話梗」進行串聯**。比方說，在第一段談及「何謂充滿智慧的說話方式」時，我會以三到四個話梗串接。

換句話說，可以比喻成丸子串的形狀吧。每個話梗大約五分鐘，而在我的腦袋中，共有一百個左右攸關各種領域的話梗，配合演講的內容、氛圍，或是聽眾的年齡、階層，一個接著一個地拿出來使用。

每說完一個話梗，便換說另一個話梗。就算一個話梗聽眾不買帳，只要多說幾個，其中必有令聽眾拍案叫好的話梗。就這樣一邊演說，一邊試探什麼樣的

「梗」，能觸動今天的聽眾。

舉例來說，在談論關於「充滿智慧的言談該注意事項」的演講中，我常提到「自豪沒什麼不好，日本人應該更加自豪一些」的破題。開頭先陳述自豪的必要性，然後一一列舉三項根據，完全套用四段構成進行演說。

接著，將話梗轉移至「自豪的技巧」，此處同樣以四段構成說明。開頭先大略解說技巧，然後說明其中的優缺點為何。第三段則列舉高明的自豪範例，最後加上感想，結束這個話梗後，隨即換說下一個。比方說，以「若要說話充滿智慧，善於『找藉口』是相當重要的」來破題，而這同樣以四段布局架構。

諸如此般，每顆丸子都是四段構成。第六十五頁所解說的幾種四行構成模式中，最好用的是〈開宗明義型四句〉①結論、②根據1、③根據2、④根據3；以及〈故事鋪陳型四句〉①動機、②故事、③高潮、④總結。

由於每個故事都十分簡短，因此聽眾相當容易理解，可毫無滯礙地留下印象。而對演說者而言，只要說說幾個故事串接即可，十分輕鬆。

許多人在得知要獨撐一段時間發表，而且對方不會打岔時，往往會不留神地滔滔不絕，最典型的例子就是婚喪喜慶上的致詞等。唱獨角戲時，更得多費心思選用向聽眾表達己見的說話方式。

❖準備精彩「陷阱」，讓故事變有趣

我很喜歡由諧星搞笑表演的真人真事節目，像是我常收看的富士電視台《人志松本爆笑短劇》。

這個節目之所以有趣，或許有人認為原因是諧星們敘說著爆笑糗事及奇妙經驗吧。舉凡說話的節奏、停頓、表情及動作等，各種讓對話聽起來十分有趣的技巧，諧星們的確高人一等。不過，我們之所以被他們的對話吸引，應該不只是因為如此而已。

打個比方來說，假設要發表自己的糗事或失敗經驗。這時候，如果只交代了來龍去脈發生的原委，觀眾當然不會低聲竊笑。為了讓觀眾在最後一刻哄堂大笑，必須備妥精彩出色的「陷阱」，緊抓著觀眾的注意力，一直觀賞到「愚蠢笨拙的自己」出現而狂笑不已。

這種陷阱應該有幾個重點。舉例來說，述說的內容不可自我感覺良好，必須**讓任何人都能理解並產生共鳴**地心想：「對啊對啊」、「我懂我懂」……其中蘊含著人類泛有的粗心或愚蠢，有時可能屬於相當老掉牙的陷阱。

用來搞笑的陷阱不只要具備「意外性」，抽象化恐怕也相當必要，或者說成「單純化」也行。就我看來，活躍於「爆笑短劇」中的諧星們不光是伶牙俐齒而已，他們可能還十分善於**將話梗抽象化、單純化**吧。

雖然，每個人的表演時間大約是二至三分鐘，但原則上都是遵循〈故事鋪陳型四句〉架構順序，同時省去旁枝末節，或是將關鍵台詞加以變化。

這樣的方式，在整段內容的抽象化上發揮了極大的成效。實際上，一旦抽象化失敗，又增加過多的上場人物，或加進不必要的故事，這個短劇將無法博取觀眾笑聲。

雖然他們的對話未曾書面化，但如果試著寫出來，或許就是一篇精彩的四段構成文章。

前一章曾經提到：「閱讀文章時，最重要的就是將所寫內容加以抽象化的能力。只要牢記四段構成閱讀，將比較容易建立『抽象化檔案夾』。而且只要透過這樣的狀態輸入腦中，就能隨時取用個中資訊」，而說話的場合亦然。

這個節目的概念似乎是：「每個人都擁有至少一個搞笑的梗，而無論是誰聽過多少次這個笑梗，都會覺得十分有趣」。或許正是因為諧星們以「四段」建立檔案夾，所以不管要說幾次都行，而且無論聽多少次還是會覺得很有趣吧！

聰明人懂得讓對方發問，找線索

一對一聊天有時令人感覺「心情愉悅」，有時卻未必如此，想必任何人都有過類似的經驗。

無庸贅言，我們之所以感到心情愉悅，正是因為彼此十分談得來。雖然是否意氣相投、親密熟識程度、是否具有共通話題等因素也會造成影響。但即使對方是商務場合相互往來或初次碰面的人，同樣會發生這種狀況。

大家知道這種時候，能言善道的人都是怎麼做的嗎？其實，他們會**十分巧妙地讓對方發問**。

✤布下發問誘餌，吸引對方關注

口才不佳的人，總認為必須一口氣把自己想說的話全說出來，結果卻變成滔滔不絕，令對方感到無聊、難耐。反之，能言善道的人會一邊說著自己想說的內容，一邊布下發問的誘餌，吸引對方關注自己。

舉例而言，求職面談時，並不是只要回答被問到的問題就行了。面試官除了聽取回答內容外，還會觀察溝通能力。即使原本個性開朗，在他人面前毫不畏怯之人，要是逕自侃侃而談求學時期的功勞事蹟，恐怕未必會被錄用。

「我就讀大二時曾赴美留學，學習語言。

雖然我的英文並沒有說得很好，但任職於外商企業是我的夢想，爲此我十分努力。

目前我的英文能力已達托福網路測驗（TOEFL iBT）成績〇〇分的程度了。

我希望能將自己的語文能力與留學經驗，充分活用於工作上。」

上述的發言雖是歸納成四句表達，但要是像這樣唱起獨角戲的話，極可能被面試官告知：「可以了，我明白了。」連發問的機會都沒有，便直接進入下個話題。換言之，這樣的回答沒有讓面試官對你產生興趣。那麼，以下這種說法如何呢？

「以前我曾聽過貴公司川崎社長與B．D．威廉先生的對談會。因爲是英文對話，所以當時我聽不懂的部分還挺多的。不過我對於社長的拓荒精神深表同感，因此十分希望能到貴公司服務。」

「那場對談會是在紐約舉辦的，沒錯吧？」

「是的，當時我正在美國留學。」

「這樣啊！你什麼時候去留學的呢？」

利用故事，面試官完全咬上了「留學經驗談」的誘餌，而自己則成功地展現語言能力。

如此一來，留給面試官的印象將是「和這個人聊聊挺有趣的」。接著，若要進一步讓他認為「如果是這個人的話，還挺想和他在同一個職場上工作看看的」，想必並非難事。

✤認同、說服的機會藏在提問中

有不少人認為想要表現能言善道的形象，對話中不能讓對方提問。他們普遍覺得之所以會被人提問，是因為自己的說法不妥，或是表達不夠清楚，對方才會產生疑問。

不過，除了允許唱獨角戲的狀況外，對話並不是你的「個人作品」，而是一項和對方攜手完成的作業。遭人提問是理所當然之事，甚至**應把「發言」和「提問」視為一對**。這樣的想法對你而言，既比較輕鬆，而且還能避免獨自發言時緊張到語無倫次。

此外，**藉由布下發問的誘餌，也可慢慢地拉近和對方的距離**。每次得到提問的答覆時，對方通常會說「原來如此」來表示認同，或是「對於那點我也深表同感」來展現看法一致。只要誘餌布得巧妙，光是回答提問，便能讓對方理解自己想說的內容。

即使對方反駁：「不對，我認為不是那樣吧？」就當作是個說服對方的機會便行了。

換言之，**對方的提問，將變成可以更加了解對方的線索**，只要把這些問題視為思考策略時的靈感即可。

最後，我就來教教大家如何從提問中探悉對方的訣竅吧！

我在大學授課和演講等場合中接受提問時，有件令我驚訝不已的事。那就是我認為屬於常識而用之交談的內容，對他方而言卻不算是常識。這時候，當我重新望向學生或演講聽眾的臉龐時，剎那間我便能理解：「啊！他們沒聽懂剛才所講的內容。」因為台下大家全都目瞪口呆，一副消化不良的模樣。

想要確認自己所言是否確實傳達給對方時，不妨試著檢視一下後述項目：

- **想法的前提是否無誤？**

- **知識量的差異約有多大？**
- **言詞的定義是否有誤？**
- **體驗量的差異約有多大？**

我很喜歡古典音樂，尤其偏愛十九世紀後半到二十世紀初的德國作曲家華格納（Wilhelm Richard Wagner）、奧地利作曲家布魯克納（Joseph Anton Bruckener）、德國作曲家布拉姆斯（Johannes Brahms）、德國作曲家理查·史特勞斯（Richard Georg Strauss）等人。

或許是基於這個緣故，每當我說到自己喜歡的音樂，大家就認為我也喜歡同年代的另一位作曲大師馬勒（Gustav Mahler）。然而，我卻非常討厭馬勒，只要稍微聽到馬勒的音樂，就覺得心情糟透了。在談話過程中，也有人會察覺到其實我討厭馬勒，但通常是遲遲未被發現，因此我多半會清楚地告知對方。

舉例來說，縱然對話中用到了「自由」一詞，但有時前提根本就不對。有些人認為「不受社會約束實屬自由」，也有些人認為「自由是反社會精神的體現」。

諸如此般，一旦彼此之間對於字詞的前提有誤，不僅無法傳達想說的內容，也無法深入對話。

所謂對話，就某種意義來說，就是在評估對方的力量及知識程度為何？對方和自己有何共識或不同見解？而其背景原因是基於什麼樣的想法？藉由比喻方式，就有如兩隻狗狹路相逢時，會彼此互聞對方的味道一般。**人類會將對話當成線索，從中獲取對方資訊**。

換句話說，只要檢視上述所列項目，就算沒有一而再、再而三地說明，也能設法就對方的前提來表達己意，這時候若能再引發對方提出好問題，將可漸漸把對方強行拉往自己的立場。

第6章

絕不失敗！照抄就很好用的「表達範例」

針對前文所闡述的四段構成，本章將以目的別、狀況別的實用範例，介紹如何套用四句模式進行長話短說的訣竅。每個範例皆指出一般情況的重點，即使為該例設定或狀況外的情形也能因應。希望大家能對照自身面臨的狀況，充分活用於實際生活中。

此外，雖然列舉的範例全設定為擬寫電子郵件的情況，但我於此再強調一次，這些範例一樣能運用於對話的場合中。

☑請求對方更改約定時

原本約定好的事情，有時會因為個人因素而想要更改。打個比方來說，假設原本計畫和友人去看美術展，結束後還要大啖燒肉。然而，基於工作交際的需要，突然變成前一天要在燒肉店和同事們用餐，因此想更改和友人的燒肉之約，於是寄出電子郵件如下：

〈範例〉……×

你好。

關於星期六之約，若將晚餐的燒肉改成義大利料理，你覺得如何呢？

聽說◯◯美術館附近有家不錯的餐廳，

我很期待偶爾到中央線沿線以外的地方小酌一下。

或許多數人認為朋友之間關係親密，這樣的內容應該綽綽有餘。但對方有可能關心猜想著你「是否有什麼原因呢？」然而，信中的說法：「你覺得如何？」乍看像是找對方商量，不過充其量只是單憑自身狀況，自私地向對方知會一聲罷了。正因為關係親密，更應該言簡意賅地連同原因一併明確告知。

〈範例〉……◯

你好。

關於星期六吃飯的地點，雖然到中央線沿線的老地方覓食也行，不過我覺得可以再開發一些新餐廳，所以特地寫信給你。

我從同事那邊得到一個情報，◯◯美術館附近似乎有家不錯的義大利餐廳值得一試。

現在好像正在舉辦限期推出的白酒活動，請參考看看！

有事想要拜託他人時，務必注意無論對象為誰、關係如何，都不能只是片面地表達自己想說的內容。這時可**利用「固然……不過……」的句型，來表述想要更改的原因，加強說服力**。

謹記活用四句模式寫出感覺若無其事般的電子郵件，便可維持良好的人際關係。尤其是手機簡訊，當中存在著讓人誤以為對方的價值觀也和自己一致的陷阱。由於認定對方一定能理解自己，溝通的思慮便會就此打住，進而寫出冒然失禮的內容。

因此，工作上的電子郵件，請同樣多花點心思後下筆。

☑初次會面後，以電子郵件再次自我介紹時

針對在交流或集會場合中認識的人，許多人事後總會寄一封致意或問候的電子郵件，此為商務場合上的禮數。

此外，就算不屬於商務關係，像這樣的電子郵件，將成為與對方縮短距離的大好機會。

〈範例〉……✕

您好，昨天由於還有同行的人在場，所以沒能好好向您問候，真是抱歉。

我經常聽○○○先生提起您，相信日後還有機會見面。

很期待再次見到您。

不過，既然特地寫信給對方了，內容不該如此敷衍了事，而是要附上自我

介紹，帶給對方鮮明的感受。為了留下簡短卻深刻的印象，最重要的就是得高明地講個故事。

〈範例〉……◯

您好，昨天由於還有同行的人在場，所以沒能好好向您問候，眞是抱歉。

我經常聽◯◯◯先生提到您是一位熱愛音樂的人，據說您曾去過奧地利薩爾茲堡音樂節，有些資訊想向您請教一下。

由於我最近打算去一趟，因此下次餐敘時，我們務必聊聊。

信中清楚告訴對方，自己曾經聽聞他參加過音樂節等具體資訊，而不只是單純「聽過名號」而已，讓對方了解自己是真心關注著他。或許對於他而言，聊聊音樂節的話題也不會感覺不舒服，因此實際碰面時，對方應該很樂意和你聊一下吧！

在與工作相關的交流會、派對或聯誼等場合中，若遇到了「就是他！」的人物時，不妨找一找和對方的連結點，然後以類似上述般的自我介紹信展現自我，在對方心中留下深刻印象吧。

☑糾正主管的錯誤時

打個比方來說，假設主管以明顯有誤的判斷進行工作，若不設法阻止，已可預見不僅自己的業務負擔會加重，還會導致公司損失。提出建言時，是否演變成對主管的「以下犯上」，就端視糾正力道的強度差異。這種時間，**主攻邏輯上的矛盾為上上之策**。

〈範例〉……○

有關日前課長您在會議中的提議：「新商品包裝設計委由負責H公司設計的MK先生承接。」就此想向您請教一下。

我認爲您當時的發言，和您向來的主張：「爲了對抗勁敵公司，設計風格不宜模仿抄襲，必須具備原創構想。」彼此有所矛盾。

一直以來，我們信服於您的工作態度，開發出大量的商品。爲什麼得在這個時期改變設計呢？能否請您立即向全體課員說明一下？

如同第二段所寫，部屬指摘出矛盾之處：「之前應該曾經如此說過」。換句話說，就是要抓出話中的把柄，逼對方陷入窘境。

向上級建言往往相當困難，由於無法對著主管直言指摘：「你的想法有誤！」因此想說的內容往往會模糊失焦。為了避免這種情況發生，只要將可以讓對方感到「被攻到要害了」的重點，安排在四段構成中，再簡短扼要地說出即可達到效果。

就如此例一般，可把主管在會議中說過的話，或是平時總常掛在嘴上的語句，當成「佐證」抓出其話中把柄。

此外還有一種手段，把第二段起的部分內容改成下述範例：「我並不反對課長您的意見，但若真的付諸實行，恐怕會給您自己及公司帶來不利。」進行施壓，提醒主管深思、改變想法。

〈範例〉……◯

有關日前課長您在會議中的提議：「新商品包裝設計委由負責H公司設計的MK先生承接。」就此想向您請教一下。

雖然就時間點來說已相當緊迫，但若要改變設計，目前還有可能，因此全體課員必竭盡全力完成工作。

不過，我很擔心會遭人批評我們抄襲去年推出新商品◯◯失敗的勁敵公司，最後可能在業界大肆流傳負面評價。

這樣一來，我想對於我們這個部門，甚至課長您自己，恐怕將遭受莫大的責難哦。

如果要表現得更為強勢，還可參考下述模式，取第一個範例從第三段起開始修改。

〈範例〉……○

有關日前課長您在會議中的提議：「新商品包裝設計委由負責H公司設計的MK先生承接。」就此想向您請教一下。

我認爲您當時的發言，和您向來的主張：「爲了對抗勁敵公司，設計風格不宜模仿抄襲，必須具備原創構想。」彼此有所矛盾。

爲什麼我們要重蹈去年推出新商品◯◯失敗的勁敵公司曾有的覆轍呢？

對於課長您的工作方針，我們似乎已有所迷失，感到無所適從了。

藉由加入「切勿讓我們失望」的語氣，將可於向主管表達意見的同時，還能令其為之一驚、重視此事。

☑提出為難要求、勉強對方同意時

無論對象是部屬、還是廠商，有時難免會發生必須提出為難的要求、強迫他們的情況。如果擁有肆意妄為的權力，那麼說句：「麻煩你囉！」就搞定了，不過現實總不是如此美好，則得下點工夫表達、說服，讓對方覺得「只好答應你了」。

表達方法有二，一為**「曉以大義」法**。接下來，我會以因為自家公司商品的包裝簡化，結果造成下包業者損失的個案為例。

〈範例〉……○

日前，本公司在會議中討論了常態商品W的包裝預計簡化一案。

雖然，以往總認爲保麗龍和硬紙板等是很理所當然的包裝材料，但營業部表示也可改爲只用紙盒包裝，因此對本部門提出了指摘。

據說經過試算，每個商品將可減少八公克的垃圾，爲了環保著想，雖然現在才這麼做稍嫌慢了一點，但本公司依然打算採納這項提議。

對於向來致力供應我方各項商品包裝的貴公司而言，這項決定恐將帶來重大變革，懇請貴公司包涵諒解。

信中巧妙地運用「大義」，強調最後的決定並非單純顧及自家公司的因素，而是有鑒於世界趨勢的結果。舉凡環保因素、教育因素、消費者因素等，根據業種及立場的不同，什麼樣的「大義」都能扯上關係。

而第二種表達方法為**「語帶威脅」法**，由第三段起改成向對方施加壓力的寫作法。

〈範例〉……○

有一位積極提倡簡化包裝的年輕社長，提供我方一份每個商品將可減少八公克垃圾的試算結果，而本公司也打算採納這項提議進行檢討。

只不過，就本公司的立場而言，如果能和長年往來的貴公司一同邁向全新的改革，將最令本公司感到放心。

藉由暗示另有競爭對手存在，讓對方感到焦慮。只要若無其事般地稍加施壓：「如果你們不改變以往做法，我方也另有打算。」、「要拒絕我們也行，你們決定如何？」光是這樣短短幾句的信件，便可一邊表達己意，一邊隨心所欲地操控對方。

☑婉拒難以拒絕的要求時

每當被指派某項任務，或是被迫接受無理要求時，想要寫出一封完美的拒絕信，可得煞費心思了。由於必須絞盡腦汁思考如何避免破壞工作，以及私人方面的基本人際關係，因此往往會寫出又臭又長的藉口。

打個比方來說，假設有人拜託自己：「請擔任全年度商務交流會的活動主辦人。」每次聚會來賓都高達五十人以上，還得為此寄發電子郵件通知、確認參加人數、預訂場地及負責活動當天的執行運作。就算考慮擔任活動主辦人的好處後，但仍是想拒絕時，必須一邊顧及對方顏面，一邊敷衍因應。

〈**範例**〉……○

日前，承蒙重量級成員岡村先生您指名我擔任商務交流會的活動主辦人，實在令我受寵若驚。

雖然擔任活動主辦人是結識各方人士的大好機會，但誠如您所知，我實屬成員中相當微不足道的人物。

目前的我實在沒有餘力如您一般，全心全力地經營會務。這段期間，請讓我先向前輩們學習交流會的舉辦方式，想必日後將能活用所學。

信中秉持的立場完全就是：「雖然我想嘗試看看，不過目前就答應接手恐怕有所困難」。

如此一來，不僅無須煩惱「如何下筆」，也不會顯得態度搖擺不定，寫起信來自然極為順手。而且，藉由先表明態度的做法，即使拒絕了對方，也能巧妙地維繫雙方關係。

此外，有時也得拒絕工作上的具體委託或要求吧？如果就算寫了「最後結論為基於本公司的立場恕難配合」，也顯不出強勢的態度時，不妨添加一些稍微觸及對方私事，或能催淚的內容，為這封信製造高潮。

務必留意，千萬別寫出長篇大論的藉口。

☑針對自己過失道歉時

任何人都會犯錯，這是無可奈何之事，重要的是犯錯後，後續如何因應處理。這個時候，大部分人所採用的方式，或許就是擬寫道歉函。

只不過，道歉往往變成藉口不斷。明明好不容易鼓起勇氣把信寄出去了，結果卻給對方留下不好的印象，變成反效果。

針對於此，接下來我會告訴各位重點何在，簡單說，就是秉持「下跪的心態」來撰寫。換言之，寫信時的立場，應就自己犯下的錯誤，自責的程度要更甚於對方。如此一來，便不會把藉口寫成長篇大論。

〈範例〉……○

關於本次「贈品」交貨出錯一事，我實在感到萬分抱歉。

爲了舉辦貴公司開業紀念派對，我明知負責主辦的中田先生您花了數個月的時間全心投入，結果我卻差點讓您的努力毀於一旦。

縱然最後趕在派對結束前一刻送達，但過程中讓各位感到十分不安，這等於是給貴公司帶來了莫大的損害。

今後定會悉心留意地執行業務，不會再像本次一樣造成貴公司的困擾。

諸如這句：「等於是給貴公司帶來莫大的損害」，下筆時以「極盡誇張程度的謝罪」來代表下跪。若將重點著眼於此，便能表現出自己感同身受。

犯錯後，會根據後續是否處理妥當，影響到他人對自己的評價，以及此後的人際關係。

無論對象是主管、同事，還是晚輩，溝通的訣竅全都一樣。

☑想要表達感謝之意時

遇到專案結束，公司內外的工作夥伴人事異動、調任、離職等狀況，雙方工作或人際關係上有短暫告一段落時，切勿錯過表達感謝之意的時機。

無論對方是地位再高的上級，還是公司外部人士，要寫出簡短且令人印象深刻的感謝信，重點就在於**與當事人之間的「共同回憶」**。

假設外部廠商合作的專案夥伴即將調職，想要準備寫封電子郵件表達這段期間的感謝之意時。

〈範例〉……○

回想我們第一次見面時，彼此都互看不順眼呢。

專案開始進行後不久的那次廣島出差，我們還因爲意見不合，就在新幹線的車廂裡大吵了一架。

不過正因爲那次的爭吵，我對於您洞悉未來的能力深感佩服。當晚我們一邊大啖美味的什錦燒，一邊堅信著這個專案必定成功。

您讓我明白了工作的樂趣，就在於可以結交到可敬的「戰友」，真的十分感謝您。

無論是什麼樣的故事，都會透過書寫而產生兩人之間的個人回憶。重要的並不是那些回憶美好與否，而是要以坦然率直的姿態，寫出自己在那些經驗中對於對方有何感想，以及從中得到什麼。

☑委婉地表示希望斷絕關係時

有些人總愛隨便邀約他人，相對的也有些人不善於回應邀約。若是基於工作往來，邀約的一方相當容易提出邀約，而受邀的一方則不易拒絕。雖然，對於邀約函不予回覆也是一種拒絕的方式，不過萬一對方比較遲鈍，恐怕會逕自認為「或許他這次剛好比較忙而已」，而一再來信吧。

雖然之前曾參加過幾次小酌等聚會，但若想要斷絕這樣的關係，就得於字裡行間暗示不願再繼續往來，不是只有拒絕參與小酌而已。

〈範例〉……○

經常承蒙邀約，眞是過意不去。

雖然我很想參加，不過其實我日前做過健康檢查，且結果是「必須複檢」。原本我對自己的身體頗有自信，但看來今後恐怕無法和大家一起小酌了。

麻煩您也幫我向其他人說一聲。

如果採用此種說法，將不會傷害對方，並能簡短地說明原委。

不只限於邀約，有些人也會以電子郵件尋求他人針對某事表達意見。雖然電子郵件非常及時，是相當方便的工具，但也因此讓大家對於擬寫電子郵件的心理障礙偏低。正因此故，我覺得不顧對方是否方便回覆，隨意發信徵詢的人增加了不少。

或許寄信者只是簡單地認為：「如果是那個人，可能知道這件事吧！」不過就是因為詳知細節，所以收信者為了回信，往往得煞費精神思考該從何寫起、寫到哪個程度，或是該如何下筆。

總而言之，對於以電子郵件寄來的各種邀約或徵詢要是消極地予以迴避，最後勢必仍得思考如何擬寫「拒絕信」，才不會陷入本來無義務查詢卻變得非查不可的窘境。這一切，都會耗損大量時間及精力。因此，培養向這類對象表達真正心意的技巧是十分必要的。

國家圖書館出版品預行編目(CIP)資料

關鍵「四句」！日本熱銷250萬冊溝通大師的精準表達術／樋口裕一著；簡琪婷譯.
——初版.——臺北市：商周出版：家庭傳媒城邦分公司發行，民105.10
224面；14.8×21公分
譯自：頭のいい人は「短く」伝える
ISBN 978-986-477-121-9（平裝）
1.組織傳播 2.溝通技巧
494.2 105018227

ideaman 89

關鍵「四句」！日本熱銷250萬冊溝通大師的精準表達術

原著書名／頭のいい人は「短く」伝える
原出版社／株式会社大和書房
作　　者／樋口裕一
譯　　者／簡琪婷
企劃選書／呂美雲
責任編輯／呂美雲

版　　權／黃淑敏、翁靜如、吳亭儀
行銷業務／林彥伶、石一志
總 編 輯／何宜珍
總 經 理／彭之琬
發 行 人／何飛鵬
法律顧問／台英國際商務法律事務所　羅明通律師
出　　版／商周出版
臺北市中山區民生東路二段141號9樓
電話：(02) 2500-7008
傳真：(02) 2500-7759
E-mail：bwp.service@cite.com.tw
發　　行／英屬蓋曼群島商家庭傳媒股份有限公司城邦分公司
臺北市中山區民生東路二段141號2樓
讀者服務專線：0800-020-299　24小時傳真服務：(02)2517-0999
讀者服務信箱E-mail：cs@cite.com.tw
劃撥帳號／19833503　戶名：英屬蓋曼群島商家庭傳媒股份有限公司城邦分公司
訂購服務／書虫股份有限公司　客服專線：(02)2500-7718；2500-7719
服務時間：週一至週五上午09:30-12:00；下午13:30-17:00
24小時傳真專線：(02)2500-1990；2500-1991
劃撥帳號：19863813　戶名：書虫股份有限公司
E-mail：service@readingclub.com.tw
香港發行所／城邦（香港）出版集團有限公司
香港灣仔駱克道193號超商業中心1樓
電話：(852) 2508-6231　傳真：(852) 2578-9337
馬新發行所／城邦（馬新）出版集團
Cité (M) Sdn. Bhd. 41, Jalan Radin Anum,
Bandar Baru Sri Petaling, 57000 Kuala Lumpur, Malaysia.
電話：(603)9057-8822　傳真：(603)9057-6622
商周出版部落格／http://bwp25007008.pixnet.net/blog
行政院新聞局北市業字第913號

封面設計／copy
排版設計／Wendy
印　　刷／卡樂彩色製版印刷有限公司
經 銷 商／聯合發行股份有限公司　電話：(02) 2917-8022　傳真：(02) 2911-0053

■2016年（民105）10月11日初版
■2019年（民108）04月22日初版3刷
Printed in Taiwan

定　　價／300元

ISBN　978-986-477-121-9

Idea man